情绪脱敏
如何停止不开心

王洪梅 ○ 编著

© 民主与建设出版社，2025

图书在版编目（CIP）数据

情绪脱敏：如何停止不开心 / 王洪梅编著.
北京：民主与建设出版社，2025. 4. -- ISBN 978-7-5139-4913-2

Ⅰ. B842.6-49
中国国家版本馆CIP数据核字第2025MK6317号

情绪脱敏：如何停止不开心
QINGXU TUOMIN RUHE TINGZHI BUKAIXIN

编 著	王洪梅
责任编辑	廖晓莹
封面设计	言 成
出版发行	民主与建设出版社有限责任公司
电 话	（010）59417749　59419778
社 址	北京市朝阳区宏泰东街远洋万和南区伍号公馆4层
邮 编	100102
印 刷	大厂回族自治县彩虹印刷有限公司
版 次	2025年4月第1版
印 次	2025年5月第1次印刷
开 本	670mm×950mm　1/16
印 张	11
字 数	112千字
书 号	ISBN 978-7-5139-4913-2
定 价	49.80元

注：如有印、装质量问题，请与出版社联系。

前言

"内卷"、信息过载、"996""007"……

快节奏、高压力的社会生活是情绪问题的滋生地，一些人的焦虑、易怒、抑郁、失望等负面情绪不断积累，不开心的频率也越来越高。要在此中做个情绪稳定的成年人，真的很辛苦。

长久的不开心，不仅会给我们的身体造成明显的伤害，更会在人际关系、婚姻家庭、职业能力、个人形象等方面造成不好的影响，甚至造成无法挽回的后果。比如，受负面情绪支配的人很可能因为情绪失控，引发冲动的言行，冒犯他人，伤害多年的挚友或深爱的伴侣；还可能因为一件小事就变得情绪化，控制不住自己，搞砸了工作，损害了职场人际关系，不仅给他人留下不成熟的负面印象，更有可能很难在工作中被委以重任，甚至失去工作机会……

与之相反，那些情商高、情绪管理能力强，还能够为他人提供情绪价值的人，往往能够建立更优质的人际关系，拥有更强大的人脉资源，在生活和工作中左右逢源，得到更多人的帮助和支持。

由此可见，情绪是如此重要，影响着我们生活和工作的方方面面。那么，我们应该怎样做才能减少负面情绪的干扰和内耗，以良好的状态面对每一天的工作和生活呢？——不妨读一读这本《情绪脱敏：如何停止不开心》吧！

本书基于心理学、神经科学、脑科学的专业知识，以日常生活中比较常见、普遍的情绪问题为例，对情绪问题进行科学、全面的解读和剖析。书中通过分析引发情绪问题的原因、情绪问题的本质等方面，帮我们更好地认识情绪；通过阐述情绪如何影响我们的健康状况、决策水平、性格、学习（工作）能力，引发我们对情绪问题的重视，进而提升管理情绪的能力，减少内耗，提高生活质量。除此之外，书中更是提供了简单实用的情绪疏导和管理技巧，适用于解决各类场合中的情绪问题。

本书不仅是一本关于个人成长和自我疗愈的心理自助读物，更是一个简单实用的情绪整理工具箱。一旦开启了这个工具箱，就如同拿到了提升心智水平和情绪管理能力的万能钥匙，可以让我们平和地与情绪相处，从此停止不开心。

目录

第一章 负面情绪，人类的自我围困

负面情绪不只破坏心情，还会伤害身体 / 002

情绪，正确决策中的变量 / 007

性格古怪？那是情绪惹的祸 / 013

情绪失控，让生活一地鸡毛 / 018

什么？情绪会破坏专注力！ / 023

第二章 识别不同情绪，更准确地感知自己

需要被释放的原生情绪 / 028

缺乏理性的次生情绪 / 032

情绪粒度：提升情绪分辨率 / 036

被命名的情绪更容易被掌控 / 041

第三章 你应该知道的一些情绪真相

愤怒,意味着边界被侵犯 / 048

抑郁,不同于抑郁症的正常情绪 / 052

嫉妒,源于内在匮乏 / 057

悲伤,关于分离、丧失和失败 / 061

恐惧,是保护,也可能是伤害 / 066

紧张,面对压力的应激反应 / 072

自责,自我惩罚的一种方式 / 077

羞愧,自我憎恨的一种形式 / 081

第四章 小心!这些习惯会滋长负面情绪

过度自律,容易引发情绪问题 / 086

与无关的人、事纠缠,就是自寻烦恼 / 091

凡事归咎于自己,是有毒的自我 PUA / 096

被"应该"思维禁锢,陷入情绪陷阱 / 100

第五章 管理情绪,不是假装没情绪

压抑负面情绪,是一种自我霸凌 / 106

"情绪稳定",可能引发情感隔离 / 111

小心!总是积极乐观可能有"毒" / 117

感官过载,情绪失控的罪魁祸首 / 122

第六章 情绪利用：负面情绪也有可取之处

从焦虑中寻找动力 / 130

从悲伤中正视自己的内心 / 136

从恐惧中做出有利决策 / 140

从愤怒中实现自我成长 / 144

第七章 别着急，慢慢来

微习惯，养育正面情绪 / 150

正念：自我放松、自我充电的训练 / 155

屏蔽力：心情放松的秘密 / 159

积极心理暗示：传递神奇的正能量 / 164

第一章

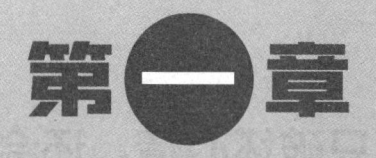

负面情绪，
　人类的自我围困

负面情绪不只破坏心情，还会伤害身体

> 过度的情绪体验，不仅会冲击我们的心理，更会伤害我们的身体健康。从现在起，让我们掌控情绪，用平和的心态滋养身心，捍卫身心健康。

李先生那折磨了他很多年的胃病又犯了。胃又胀又疼，一连几天吃不下饭，吃药也不见好转。李先生十分担心，特意去了省医院的消化内科就医。经过一系列医学检查后，医生建议他去心理科室看看。

李先生将信将疑地去了心理科室。医生的诊断结果让他大吃一惊——躯体化障碍。医生解释：躯体化障碍是一种以多种多样、经常变化的躯体症状为主的神经症，症状可涉及身体的任何系统或器官，常表现为慢性波动性病程。以下是常见躯体化的表现：

①表现为肠胃症状，如腹痛、腹胀、腹泻、恶心、呕吐等；

②表现为呼吸循环系统症状，如胸痛、气短、心悸等；

③表现为泌尿生殖系统症状，如尿频、排尿困难、月经紊乱等；

④表现为疼痛症状，如背痛、头痛、关节痛等。

从心理层面来说，患上躯体化障碍的原因是患者内心的负面情绪，如焦虑、抑郁、愤怒等无法通过语言来表达，或者不允许被表达出来，就只好通过一些身体症状来缓解内心的情绪冲突。换言之，李先生的胃病其实是心理和情绪问题导致的。

被记忆遗忘的情绪，会以病痛的形式保留

在医生的建议下，李先生开始了心理治疗。

当医生询问他的胃是什么时候出现了问题，又是什么时候有比较明显的症状时，李先生慢慢地回想起，每当他感到有压力、心情不好或是和别人发生不愉快时，胃病就会加重。至于胃是什么时候开始出现问题的，他却怎么也想不起来了。

在最初的十四次咨询中，医生引导李先生与身体进行连接，慢慢感受胃部。在第十五次咨询中，在医生的引导下，李先生通过意识和情绪的流动，将注意力集中在胃部时，突然感到胃部剧烈地疼痛。

同时，他的脑海中猛然闪现无数相似的场景：饭桌上，爸爸总是声色俱厉地问他："今天怎么没写完作业就出去打球了？""最近有考试吗？考得怎么样？""班主任说你的化学成绩又拖后

腿了。"……

每当这时,李先生都会有一种山雨欲来的压迫感,焦虑、紧张、恐惧、愤怒……各种情绪交织在一起,让他如坐针毡,甚至全身冒冷汗。为了躲开爸爸的训斥,逃避这种糟糕的情绪,他每次吃饭都非常快,有时遇到喜欢的饭菜,也是狼吞虎咽……

李先生终于记起来,就是从那个时候起,他时常感到胃不舒服。而他之所以忘记爸爸当年在饭桌上的苛责,是因为当时那种强烈、复杂的情绪体验对他而言很痛苦,大脑出于自我保护的本能选择回避、遗忘它们。但纵使记忆被封存起来,情绪体验也以病痛的方式保留在他的身体里。

多年以后,当李先生再次面临情绪压力时,深藏在记忆深处的创伤性体验会被再次唤起,身体便以胃痛的方式提醒他,那些曾经被压抑的情绪并没有消失,而且急需得到处理。

肠胃,重要的情绪器官

在日常生活中,我们可能都有过这样的经历:当精神紧张或是心情烦躁、大动肝火时,肠胃很容易出现问题,比如胃胀、胃痛、腹泻、便秘等。

这主要源于紧张、焦虑等情绪导致神经系统和内分泌系统发生紊乱,从而影响了胃的蠕动、胃酸分泌和胃黏膜的血液供应,进而引发胃病或加重胃病。而且,胃酸具有腐蚀、溶解的作用,如果我们一直逃避或是压抑自己的情绪,就会导致胃酸分泌过多,不断腐蚀胃黏膜，从而引起胃溃疡、十二指肠溃疡、食管黏膜炎症等问题，甚至引起慢性胃炎。这也就意味着如果我们不能很好地处理自己的攻击性情绪，就有可能被这种情绪吞噬。

反之，如果我们感到肠胃不适，经过反复检查又没有任何器质性病变，而且常伴随压力或是情绪波动，就要考虑相关症状是否与情绪有关，是否有情绪问题需要处理。这是身体在提示我们：要好好处理当下的情绪，不要无视它，更不要压抑它，否则它就会以胃病的方式进行表达。只有情绪得到了疏解，肠胃不适的症状才会有所缓解。

总之，肠胃不仅是消化器官，也是重要的情绪器官，能够反映我们的情绪状态。

不同情绪会攻击不同的身体器官

《黄帝内经》中有对情绪与健康的记载："怒伤肝""喜伤心""思伤脾""忧伤肺""恐伤肾"。现代医学研究中也有"暴躁会存在子宫里，压力会存在肩颈里，郁闷会存在乳房、肩胛骨缝里，委屈、纠结会存在胃里……"的说法。这些医学发现都在说明这样一个事实：情绪和身体是紧密联系的。任何一种情绪，哪怕是高兴、欢喜等积极情绪，一旦过了度，也会伤及身体。

这在日常生活中是可以得到印证的。比如，当感到愤怒时，身体会乏力，心跳加速；当感到害怕、恐惧时，身体会分泌大量肾上腺素，导致心跳加快，有时还会口渴、出汗、发抖……我们的身体反映了几乎所有的情绪。

国外的一项调查显示：约75%的颈椎痛、约80%的头痛、约99%的腹胀、约90%的疲劳都是由负面情绪引起的，而最容易受情绪影响的身体部位，分别是胃肠道、皮肤、内分泌系统和心脑血管。以皮肤病为例，人们在紧张时会感到头皮发痒、头部紧绷，甚至还会出现湿疹、荨麻疹、痤疮等皮肤问题。这些都可能是长期处于不良情绪下所引发的后果。

更可怕的是，负面情绪不仅会冲击人体的器官组织，还会加速人体衰老。国际权威期刊《衰老》（*AGING*）发布的一篇研究性文章显示：恐惧、抑郁、孤独等负面情绪对衰老具有显著加速作用，可使一个人的生理年龄变老近20个月！

除此之外，国内外的有关研究均表明：癌症病人大多存在比较强烈的负面情绪，这些情绪会打破肿瘤的休眠状态，加速病情恶化。

情绪，正确决策中的变量

> 无论情绪会给日常生活带来什么样的影响，在决策过程中，我们都需保持警觉，充分理解情绪对决策的影响，更加客观和理性地做出选择。

很多人认为情绪会阻碍正确决策，所以最好在没有情绪干扰的情况下进行决策。持有这种观点的人会在做决策时有意识地回避、压抑情绪。

美国南加州大学神经科学、心理学教授安东尼奥·达马西奥多年致力于探究情绪、感觉、意识在大脑运作中的作用。他通过跟踪观察多个与情绪有关的临床病例，在取得大量实证后推断：情绪与决策如影随形。人不能脱离情绪进行所谓的理性决策，人的所有决策都是情绪参与的结果。

决策离不开情绪的推动

达马西奥教授在《笛卡尔的错误》中以两个病例，向我们展示了情绪对决策的推动作用。

在大脑前额叶皮层受到损伤后，盖奇和埃利奥特这两个病人的性格都发生了剧烈变化。

盖奇不仅变得喜怒无常、粗俗无礼，最重要的是，他还失去了"计划未来的能力、遵循既已习得的社会规则做出行为的能力，以及根据自己最终生存利益进行最有利的行动选择的能力"。

埃利奥特则变得"过于镇定"。达马西奥教授通过观察发现，埃利奥特能够以异乎寻常的平静态度描述自己的悲惨遭遇，如同在讲述别人的事情。当达马西奥教授把一些具有强烈视觉刺激的图片，如地震中的坍塌建筑和鲜血淋漓的场景展示给他时，他没有丝毫情绪反应。达马西奥教授将埃利奥特的情况归结为"知道但没有感受到"，并指出"衰减的情绪和感受在埃利奥特的决策失败中扮演了重要角色"。

后来，达马西奥教授又通过大量的实验取证，肯定了情绪在人们进行理性决策中的重要作用，指出情绪对决策的影响有利有弊。冷静的推理和正确的决策需要情绪的参与，但过度的情绪反应则可能会降低决策的质量。

情绪影响思维

情绪会对我们的思维产生重大影响。当沉浸在愉快的情绪中时，大脑会分泌多巴胺、肾上腺素，促使思维变得更加灵活、敏锐，有利于进行发散性思维，提升创造力。在这种情绪状态下，我们做出的决策往往更具灵活性和合理性。

另外，积极的情绪体验会使我们对身边的人、事、物及自身做出更积极的评价，变得更自信。在积极的情绪状态下，我们会更愿意解决问题、应对挑战，所做决策更具创新性；同时，我们也会更加友善，更容易和他人建立良好的关系，提升社交能力，所做决策也更具开放性。

相反，当处在沮丧或焦虑等负面情绪中时，我们往往会对周围的人、事、物进行负性评价。在这种负面情绪状态下，我们的思维会变得狭窄、消极，所做决策更偏向于保守甚至回避。

这正如澳大利亚心理学家约瑟夫·福加斯所认为的那样："同样的微笑，在心情好的人看来是友好的，但当这个人处于负面情绪中时，可能会被判断为尴尬；在一个人心情好的时候讨论天气，可能被视为'有风度的'，但在这个人心情不好的时候讨论天气，可能被视为'无聊'。"

情绪影响判断力

情绪会影响判断力，这主要是由大脑的工作机制决定的。

当情绪处于稳定状态时，我们加工和处理外部信息的主要部位是大脑的前额叶，而前额叶在处理信息时倾向于理性，速度相对较慢。当情绪出现波动时，大脑会把处理问题的控制权交给杏仁核与海马体，这两个部位可以基于过往经验和记忆对问题进行快速处理，而且处理方式更多出于本能而非理性思考。基于这一点，当情绪不稳定时，一个人的判断力会随之下降，可能会做出一些非理性的决定。

此外，情绪还能通过影响注意力来干扰判断力。在不同的情绪状态下，大脑会选择性地关注某些特定的信息，而忽略其他信息。这种选择性注意会削弱我们的信息处理能力和判断能力，导致决策出现偏差。比如，小李急于出门参加一个重要的会议，却突然发现车钥匙不见了，他马上焦躁起来，急切地到处寻找钥匙，将注意力高度集中在这一件事上，以至于忽略了其他能够迅速出门的方式，比如打车。最终，小李开会迟到了。

由此可见，情绪会影响个人的注意力和判断力，进而影响决策。

巧用情绪智力

情绪智力，又称情商（EQ），是指个体识别、理解、管理自己和他人情绪的能力，是由心理学家彼得·萨洛维和约翰·梅耶提出的。情绪智力对做出正确决策有着至关重要的作用。

那么，如何利用情绪智力呢？

首先，在做决策前要停下来，感受自己的情绪状态，了解情绪是否影响你做出决策。比如问问自己："我现在感觉如何？""做这个决策的当下，我足够理性吗？""我现在冷静吗？"……

其次，不要被负面情绪影响，要冷静下来，仔细审视问题后再做出决策。比如，你在工作时，A公司提供了丰厚的薪酬，并希望你入职。这是个令人倍感欣喜的消息，但是切勿被喜悦冲昏头脑。这时可以采取深呼吸、冥想或其他放松技巧以平复强烈的情绪，认真考虑，权衡利弊后再回复对方。

最后，为了减少情绪对决策的干扰，可以尝试着以第三方的视角看待问题，问问自己："如果是朋友面对这种状况，他会怎么决定？"当以第三方视角看问题时，我们更容易把关注点聚焦在最重要的事情上；如果一直以自己的视角看问题，就会沉浸在情绪中。

情绪智力可以帮助我们更好地识别和理解自己的情绪状态，避免冲动，做出更明智、更有效的决策。

正面情绪也有负面影响

通常认为，积极、正面的情绪有助于做出明确的决策，但事实上，正面的情绪也会给决策带来负面影响。比如，快乐的情绪更容易让人上当受骗。

沉浸在快乐中的人不仅会轻易相信他人，不会质疑事情的合理性，还会相信自己比多数人幸运，导致被欺骗或利用。所以，骗子在行骗之前往往想尽办法哄受骗者开心，比如不顾事实地赞美受骗者，把他们捧上天，或是先给受骗者一点儿甜头，让他们开心一下，使其更容易上当。

此外，快乐的情绪让人只看到事情的积极面，忽视潜在的风险，导致过度自信，从而在评估风险时出现偏差。比如在生意合作、商务谈判中，不少人喜欢在饭局上拍板定案，正是因为在饭局上心情好，更容易谈成合作。但很多人在酒桌上签完合同之后，第二天就开始后悔……因为在酒精和愉快心情的作用下，他们在做决策时是有些冲动的。

性格古怪？那是情绪惹的祸

> "性格古怪"往往并非自身问题，而是长期被未妥善处理的情绪影响所致。只有正确地理解和调节这些情绪，才能改善个体的行为和社交表现。

在同事眼中，小 C 性格古怪，很不合群。她总是独来独往，偶尔因为工作不得不与同事沟通的时候，她说起话来也是吞吞吐吐、躲躲闪闪，就连同事都替她感到紧张和尴尬。

事实上，没有人知道表面上拒人千里之外的小 C 内心深处多么渴望能够像其他人一样，和同事愉快、高效地沟通，友好相处。遗憾的是，她每次和别人交流时都会紧张焦虑，开口之前甚至脸颊发热，心跳加速，脑袋也晕晕的，严重的时候还会感到恶心。在不得不沟通的情况下，她需要提前准备草稿，沟通时就像背课文一样，即便如此，也会紧张到口吃。从同事尴尬、惊异的眼神中，小 C 能感觉到自己的表现多么奇怪、可笑，这让她更加恐惧与人交往了。

性格是情绪体验的累积

同事眼中"性格古怪"的小C，其实是被过度紧张、焦虑的情绪困住了。从心理学角度来讲，小C的表现属于典型的社交焦虑障碍。这种障碍的特点是对与人交往充满恐惧，内心常常感到不安、焦虑、担心、恐惧，而且特别害怕被他人注视，担心在他人面前出丑或是遭遇尴尬。这样的人会尽量避免人际交往。

正因如此，小C才会在焦虑、紧张、害怕等持续不断的负面情绪的引导下，做出一系列回避人际交往的行为，比如说话吞吞吐吐、口吃，也因此给同事留下了"性格古怪"的糟糕印象。

从小C的表现我们可以看出，性格与情绪之间存在着密切的关联。一个人性格的形成既有先天因素，也有后天因素。其中，先天因素主要是基因遗传，而后天因素则主要是一个人长期受到外界环境影响而持续积累的情绪体验。具体来说，如果一个人在成长过程中积累的是积极良好的情绪体验，他往往会形成开朗、乐观的性格；如果累积的是消极、糟糕的情绪体验，他可能会形成内向、悲观的性格。小C的成长经历也正好验证了这一点。

父母对小C有很高的期待，比如希望她大方得体，成为社交达人；提醒她说话吐字要清晰，表达要流畅。一旦小C表现不好，父母就会批评、责骂她。时间一长，小C每次与人沟通时都会觉得自己被审视、评判、指责。这种不愉快的情绪不断累积，最终导致小

C形成了社交焦虑障碍，性格变得自卑、怯懦、自责，非常敏感、孤僻。

情绪从多方面影响人的行为

从小C的例子中我们不难看出：情绪会影响和塑造一个人的性格。那么，情绪是如何影响性格的呢？

第一，情绪会影响个人的行为反应，从而影响性格。比如，长期生活在焦虑、恐惧、紧张情绪中，人很容易因为一件小事就过度反应，小题大做，甚至歇斯底里。这样的状态很难赢得他人的好感，还会被外界评价为性格暴躁、不好相处。

第二，情绪会影响个人的自我认知和评价，进而影响性格。比如，当一个人长期体验挫败时，他会降低自我评价，自认为"我很差劲，什么都做不好""我很无能，胜任不了这份工作"……久而久之，他会形成自卑、胆怯、懦弱的性格。

第三，情绪会影响个人的思维水平，从而影响性格。比如，焦虑、抑郁会削弱人的思考能力，导致学习效率或工作效率明显降低，从而影响自信心，降低自我成就感，甚至在面对压力时产生逃避行为，不愿意面对挑战。心理学中"情绪性单向思维"这一概念告诉我们：当情绪处于极端状态时，无论是极度兴奋还是极度消沉，都会使我们的认知变得极端且狭隘，做出非理性的判断和言行，时间一久就会形成偏执、极端的性格特质。

第四，情绪会影响个人的情绪调节能力，进而影响性格。积极情绪体验相对较多的人，情绪调节能力往往比较高，比如在面对困境和挑战时能够保持冷静和理性，积极地想办法解决问题，且解决问题的能力也比较高，这会塑造出积极向上、坚韧不拔的性格特质；常常沉浸在负面情绪中的人，情绪调节能力相对较弱，比如在面对困境时，他们通常无法理性面对问题，很容易滋生无助感，表现为行为退缩、逃避问题，形成怯懦、自卑的性格。

父母的情绪风暴

其实，一个人的性格形成还会受到养育者情绪的影响，尤其是父母的情绪对孩子性格的形成至关重要。

情绪稳定的父母会为孩子营造温馨的心理避风港，孩子能够身心健康地成长，形成健康的人格和良好的性格特质。而情绪不稳定的父母，常常因为一些小事就大发雷霆、大吼大叫，往往会养育出性格胆小、怯懦的孩子。

在父母的情绪风暴中长大的孩子往往对他人的情绪过度警觉，与人相处时总是小心翼翼，过度讨好他人，为的是获得他人的友情或是避免他人对自己进行攻击。他们从小就学会了照顾他人的情绪，压抑自己的感受，尽量把自己隐藏起来，避免与他人发生正面冲突。比如，与人交往时，他人稍有情绪反应，这类孩子的心里可能就会掀起波澜，不停地反省自己："是不是我又犯错了，让他不开心了？我该怎么做才能让他高兴起来……"

父母的负面情绪会像病毒一样侵蚀孩子的心灵，使孩子觉得自己无能、不值得被关爱。这种消极、无助的情绪会极大地破坏孩子的自尊心、自信心，导致他们逐渐形成自卑、怯懦的性格——害怕冒险，不敢尝试新鲜事物，总是害怕出错，担心被责备或受惩罚。

情绪失控，让生活一地鸡毛

> 若想从根本上解决情绪失控的问题，就需要深入了解和识别自己的情绪，找到情绪背后的心理需求，寻找疏解情绪的有效方法，重塑健康的情绪反应模式，避免重演情绪失控的悲剧。

"我能怎么办！我要是能沉住气，至于又丢工作吗？"电话里，小张又激动又恼火地和朋友大声哭诉，心口被刚才的事情气得隐隐作痛……

就在十分钟之前，小张被老板辞退了，因为他在盛怒之下和老板爆了粗口，说完他就后悔得想撞墙。更让小张懊悔的是，这已经是他第三次因为情绪失控而丢掉工作了。

他总是这样，工作一忙起来，就总有一股无名火让他发狂，好像随时随地都会失去理智。这个时候，一旦有什么事情稍微刺激到他，他立马就会像个炮仗一样瞬间被引爆……

陷入情绪失控的深渊

在现实生活中，像小张这样情绪失控的情况并不少见。从心理学上讲，情绪失控是指人无法有效地调节和控制情绪，导致情绪反应过度，做出破坏性的言行。情绪失控主要表现为暴怒、大哭、暴饮暴食等。

这类人往往一遇到压力就会情绪失控，一被否定就崩溃，一被质疑就暴跳如雷……自己明明不想那样做、不想那样说，却在失控的情绪面前败下阵来。一冲动就做了、说了，结果既伤害了别人，也伤害了自己。

每当情绪失控的时候，当事人在那一瞬间往往不知道自己干了什么、说了什么，清醒后又后悔不已，因为他们在情绪失控下的冲动言行毫无理性，极具破坏性，对解决问题根本无济于事。

情绪失控的人虽然能够意识到要控制自己的情绪，但是当再次遇到类似场景时，他们还是会条件反射般地触发自动反应，重复之前的问题言行，一次次地被情绪拖入深渊，无法从恶性循环中脱离出来。

情绪为什么会失控

1. 遭受强烈的精神刺激

比如，当遭遇重大的挫折、遭受极度不公正的对待，又或是工作压力过大、人际关系恶劣时，个人的自尊心和人格都受到了严重的打击或侮辱，较易引发强烈的愤怒、委屈、恐惧等情绪。如果这些负面情绪得不到妥善处理和释放，积累到一定程度，就会导致情绪失控。

2. 与性格有关

有些人的人格特质属于神经质类型，这是心理学中五大人格特质之一，是一种持久的人格特质。具有神经质人格特质的人，通常表现为情绪不稳定，容易体验到焦虑、愤怒和敌意。在外界刺激下，他们更容易陷入过度紧张、焦虑、愤怒之中，导致情绪失控。

还有一类人以自我为中心，过分敏感，自尊心过强。他们时常觉得自己被忽视、自尊被伤害，这时就会以过度的情绪反应保护自己，比如大发脾气、愤怒。人在过度的情绪反应中会产生一种错觉——我变得比以往更强壮、更有力量，可以和对手对抗。在潜意识的支配下，这类人往往会通过情绪失控吓退给自己带来威胁的外界因素，以保护自己。

3. 与不合理信念有关

心理学中的认知流派提出了"ABC理论"。其中"A"是指个体发生的事情，"B"是指个体看待事情的观点或思维方式，"C"是个体在"B"的影响下产生的情绪、行为及结果。这一理论的核心是"引发情绪问题的不是事件本身，而是我们对事件的不合理认知"。

比如，当一个缺乏自我认同的人遭遇失败时（A），往往会产生这样的观点（B）："我是无能的，连这点事情都做不好。"这样的观点让他感到自卑、压抑，总是对自己不满意，内心积蓄了很多负能量，外界稍有刺激就会情绪失控（C）。

4. 与心理创伤有关

一个人格成熟、健康的人，他的情绪通常是比较稳定的。如果一个人在成长过程中经受过严重的创伤事件，比如被虐待、被抛弃等，一旦身处类似情境中，就会触发创伤时的情绪。如果当时的感受过于强烈，就会引发情绪失控。

比如，一个人在童年时因"情感被忽视"留下了心理创伤。当他失恋时，很可能会表现出情绪失控。因为失恋造成的情绪体验可能会引发他重温童年"被忽视""不值得被爱"的心理创伤，进而引发强烈的情绪体验，导致情绪失控。

5. 躁郁症的表现之一

躁郁症患者也会表现出情绪失控的症状，并伴有精力旺盛、思维活跃、肆意挥霍、酗酒、攻击他人、破坏公物等行为。这样的状态持续几天之后，又表现为情绪低落、抑郁……当有上述表现时，就要考虑是否患有躁郁症，从而及时寻求专业医生的帮助。

情绪失控带来的伤害

人际交往中，情绪失控会给自己和他人带来很多麻烦。在情绪失控的瞬间，虽然有人觉得压抑许久的情绪得到宣泄，感觉有点儿"爽"，但这种失控所造成的一地鸡毛可能会对个人、社会造成无法弥补的损害。

一方面，长期的情绪失控会导致人体免疫力下降，使人更容易患上各种疾病。临床研究发现，在有高血压、心脏病、胃病等病症的患者中，多数患者往往都伴有长期的情绪问题或心理问题。

另一方面，情绪失控所引发的一系列后果，比如人际关系破裂、被孤立、家庭关系紧张等，会加剧个人焦虑、抑郁等负面情绪，进一步损害心理健康。

除此之外，情绪失控会对工作和生活造成重大影响。正如前文提到的小C，情绪失控会严重影响人们的工作和生活，甚至导致失业、离婚等不良后果。

如果任由情绪操控自己的言行，人生就会陷入一片混乱。

什么？情绪会破坏专注力！

> 找到情绪背后的核心问题，发现负面情绪所要表达的内在未被满足的心理诉求，并找到恰当的解决方法，才能从根本上消除负面情绪的影响。

专注力，是人能够集中精力在某一特定任务或活动上的能力。专注力是一切学习能力的基础，没有专注力，我们就无法进行深入的学习和思考。

在当今这个碎片化的时代，专注力正逐渐变成一种"稀缺资源"，它不断地被各种信息蚕食和割裂，很难由我们掌控。在影响专注力的各种因素中，情绪对专注力的影响尤为显著。

情绪不稳定，专注力很难持久

在日常生活和工作中，我们都有过这样的体会：在心情烦躁或处于愤怒、焦虑、郁闷等情绪中时，很难静下心来专注做事。由此可见，情绪不稳定的人很难持久地保持专注力。

1. 神经质水平高的人很难专注

神经质水平高的人情绪稳定性比较弱，很容易情绪化。而且，他们对自己或他人的情绪变化比其他人格类型的人更加敏感，这就使得他们常常被情绪干扰，导致注意力涣散。比如，情绪稍有变化，他们就会在情绪的干扰下思绪纷飞，脑海中不停地闪过各种念头："我为什么会很烦躁？""刚刚发生了什么，让我有了这种情绪？""我要消除这种情绪，应该怎么办？"……不知不觉中，注意力已然游离于手头的工作。

2. 外向型人格特质的人难以专注

外向型人格特质的人情绪比较丰富，性格开朗活泼，喜欢寻求外界刺激。比如，一般情况下，面对相同的任务，内向型的人可以专注地工作很长时间，而外向型的人在工作一段时间后就会感到无聊，为了克服这种无聊的感觉，他们需要不断寻找其他事情让自己保持兴奋，这就造成了专注力"溜号"。所以，外向型的人很容易在无聊情绪的驱使下不断地寻求新鲜感和外界刺激，在不同事物之间转换注意力，导致分心走神，专注力变弱。

3. 过于追求完美的人难以专注

在完成任务的过程中，追求完美的人常常担心自己这里或那里做得不够好，担心自己因为工作表现欠佳被领导批评、被同事嘲笑。他们往往会把专注力用于给自己挑毛病、评判自己的工作成果，因而很容易产生焦虑情绪，破坏专注力。

情绪和专注力争夺大脑资源

情绪之所以会影响专注力，是因为负责情绪调节和专注力调控的都是大脑中的前额叶皮质，而频繁出现的焦虑、抑郁、烦躁等情绪，会大量占用大脑前额叶皮质的运算资源，使它没有更多的资源调控专注力，进而导致专注力耗散。

比如，自卑让我们无法专注于当前的任务；自负让我们不屑于维持专注力；抑郁让我们无法进入专注的状态；过于亢奋又会让我们在不同任务之间来回切换，消耗大量注意力。

现实中，当我们被强烈的情绪所支配时，大脑会不断产生各种思绪或是回闪一些事件，比如不停地回想可怕的场景、令人挫败的细节、惹人生气的言行……这些情景如同过电影一样反复在脑海中上演，让人无法把注意力集中到当前的任务上。

另外，有些情绪会引发大脑的过度分析，让人不断进行思维反刍，纠结一个念头不放，反复思考。

比如，小E因为提交的方案有漏洞被领导狠狠批评了，这让他非常沮丧，也对领导毫不留情的态度感到十分生气。

受沮丧和愤怒情绪的干扰，小E的工作效率受到了严重影响。只要稍有松懈，小E的脑海中就反复出现被领导批评的场景。此外，小E还十分后悔，他不断地责怪自己："要是在做方案的时候多用点心，就不会被领导骂得狗血喷头。""如果做完方案的时候让好朋友把把关，或许就不会出现那样的漏洞了。"……这些闪回和念头总是打断小E的工作思路，使他不得不停下来，直到情绪稍微平复后才能继续工作。

  对小E来说，被领导批评所引起的负面情绪对他的影响不只是一两天。在之后的很长一段时间里，小E每天一坐到办公桌前就会想到那天被领导批评的不愉快经历，导致他无法专心工作，甚至一工作就会产生沮丧、愤怒、后悔、自责的负面情绪，最终对工作产生了厌恶心理，更加无法专注了。

  为了避免这种情况发生，尽量不要带着负面情绪投入工作或学习中。一旦察觉到自己产生了负面情绪，就一定要及时调整，否则就会陷入"情绪低落—专注力下降—效率低下—厌学（抵触工作）"的循环中。需要特别注意的是，控制情绪绝不是强迫自己对抗情绪，勉强集中注意力。这种做法不但没有效果，反而会使情绪对专注力的干扰更加严重。

第二章

识别不同情绪，更准确地感知自己

需要被释放的原生情绪

> 原生情绪是人类统一的"出厂设置",是与生俱来的不需要通过后天观察和学习获得的。只有以非对抗、非破坏性的方式调整自身的感受和行为,才能更好地应对原生情绪。

有情绪是正常的,但若想了解自己、提升自我认知,我们就需要与自己的情绪建立联结,并深入理解这些情绪背后的意义。

为了帮助个体更好地理解和管理情绪,加拿大心理学家莱斯利·S. 格林伯格在提出情绪聚焦疗法时,便将情绪划分为原生情绪和次生情绪。

每一个人都拥有原生情绪

原生情绪是人对所经历的事件的第一反应。比如,遇到危险时,我们会本能地产生恐惧的情绪;当期盼已久的事情变成现实时，我们会产生愉快的情绪……这里所说的"恐惧""愉快"都是原生情绪。

那么，原生情绪具有哪些特点呢？

1. 与生俱来

心理学家发现：0~1个月的婴儿就有情绪。当然，他们此时的情绪还比较简单，婴儿也并不理解情绪的具体含义和内容。

但其实，婴儿产生的情绪通常与生理需求密切相关。当婴儿感到需求没有得到满足时，比如感到饿或是冷，他们就会通过哭表达愤怒；当需要被满足后，他们就会产生快乐的情绪。满月之后，随着视觉、感受、理解能力的不断提升，婴儿的情绪发展会在接下来的时间里突飞猛进。

2. 生物本能

原生情绪对人类的生存发挥着非常重要的功能。从远古时代起，它就开始帮助人类在复杂的自然环境中应对威胁和危险，迅速做出趋利避害的适应性行为，以保证自身的生存和发展。比如，当遇到危险时，我们会本能地产生恐惧的情绪，并在这种情绪的驱使下迅速做出逃跑、躲避的行为，让自己远离危险境地，保护自身不受伤害。所以说，原生情绪和人类的生存息息相关，对人类的生存意义重大。在人类演化的进程中，它是帮助我们活下来的生物本能。

3. 独特性

伊扎德认为原生情绪主要包含以下六种：兴趣、快乐、悲伤、愤怒、厌恶、恐惧。每一种原生情绪都有独立的生理机制、内部体验和外显表情，以及不同的适应功能。

以独立的外显表情为例：当一个人的面部呈现出眼睛眯起，眼角露出鱼尾纹，脸颊上抬，嘴唇张开形成笑容，甚至露出牙齿的表情时，就表明这个人正处于"快乐"的情绪中；当一个人的面部呈现出上眼睑下垂，目光呆滞，两边嘴角轻微向下拉的表情时，则表明他正被"悲伤"的情绪所困扰。因此，每一种原生情绪都对应一组特定的、肉眼可见的表情。

4. 跨越种族和文化

美国著名心理学家、全球首席识谎专家保罗·艾克曼和他的团队曾做过这样的实验：找来不同种族和性别的演员，让他们做出和几种原生情绪相对应的面部表情，然后拍下照片，再将这些照片展示给不同国家的人，让他们判断这些表情表达了哪种情绪。结果发现，这些被试者基本能识别出这些表情所对应的原生情绪，正确率高达80%~90%。

由此可见，虽然不同国家、不同文化、不同种族的语言千差万别，但是世界各地的人们却有着共同的原生情绪及共同的原生情绪表情。

让原生情绪自然流动

在孩子的成长过程中，父母要允许孩子表达原生情绪。比如，当一个四岁的小男孩在兴冲冲地奔跑时不小心摔倒，大声哭号，他的原生情绪可能是"悲伤"。这个时候，如果爸爸对孩子说"男孩子不许哭！要勇敢！"那么就会压制和扼杀孩子的原生情绪。而如果爸爸说"宝贝摔倒了，很疼吧，很伤心吧？"那么就是在共情孩子的原生情绪，帮助孩子疏解情绪，并允许和鼓励孩子表达情绪。在这种方式的养育下，小男孩长大后会更加认同自己，也更能共情和理解他人。

在生活中，我们产生原生情绪后，也要开放身心接纳它。比如，当发现自己经常产生愤怒的情绪，并被它困扰时，我们如果能够尝试着理解愤怒背后的心理需求，并找到相应的解决方法，就会减少这种情绪困扰。相反，如果我们不接纳愤怒，反而压抑它、忽视它，则容易把这种情绪放大，使其成为永久的困扰或痛苦。

缺乏理性的次生情绪

> 次生情绪会引发不理性的言行，甚至发展成暴力。表达次生情绪的关键就在于找到并表达内在的原生情绪。

次生情绪是指在原生情绪基础上，经过个体的认知、经历、想法的加工后所派生的另一种情绪。

比如，妈妈看到三岁的儿子从厨房里拿了一把菜刀摇摇晃晃地走出来，瞬间被吓坏了，感到很恐惧，赶紧跑过去夺下孩子手中的刀。几秒钟之后，妈妈开始抱怨、指责："是谁把刀放在了孩子能拿到的地方！这多危险啊！"妈妈越想越不能忍，开始追查、数落那个把刀放错地方的人。

事例中，妈妈最初的恐惧就是原生情绪，后来的抱怨、指责则是被"将孩子置于危险之中"的想法所催生的次生情绪。在次生情绪的推动下，妈妈发起了攻击行为——对家庭成员进行抱怨和指责,最终可能导致家庭成员之间发生争吵。

次生情绪因人而异

关于次生情绪,人和人之间可能也不完全相同。因为即便是两个人对同一件事产生了相似的次生情绪,他们对次生情绪的理解和表达也有着个性化的差异。比如,同样是被追尾,一个司机很痛心、惋惜,因为他正打算卖掉这辆车,即便修好了,价格也会打折扣;另外一位司机也很痛心,因为这辆车是他向朋友借用的,现在被撞坏了,没法向朋友交代。

个人的主观想法对次生情绪的产生也有很大的影响,而且主观想法决定了次生情绪的强烈程度。比如,有人面对批评会谦虚接受,因为他认为批评能让自己进步;而有人面对批评则火冒三丈,因为他认为自己很完美,任何批评都是对自己的冒犯。

次生情绪就如吃饭、睡觉等个人习惯一样,受环境、教育、个人经历的影响。比如,有的家长总是教育孩子"与人相处要谦让",使孩子误认为凡事都要以他人为先,一旦别人不满意,孩子就会生出愧疚的情绪;有的家长常常告诫孩子"人不为己,天诛地灭",这让孩子在与人相处时总是优先考虑自身的利益,甚至以损害他人利益为乐。

容易被掩盖的次生情绪

次生情绪具有一定的复杂性,比如悲愤中包含着悲伤和愤怒;

敌意中包含着愤怒、厌恶和轻蔑。有时候，我们所感受到的次生情绪可能不是内心深处最真实的情绪。

比如，大多数人都会因为做错了事而感到沮丧、懊悔。如果一个人在成长过程中，只要一做错事就遭到父母的辱骂和殴打，长年累积下来，他在做错事时体验到的就不是沮丧、懊悔，而是来自父母惩罚的恐惧。甚至在成年以后，他可能已经忘记了父母的打骂，但只要犯错就会如小时候一样感到恐惧，并认为这是犯错后的必然情绪反应。如果一直处于这样的情绪反应模式中，把次生情绪当成正常情绪反应，他就可能出现心理问题。

再比如，一个人失恋后认定自己不应该表现出软弱的一面，以至于他无法好好地正视这段逝去的关系，而强迫自己把失恋引发的情绪压制下去，那么他会感受到焦虑和烦躁，却不明白这种情绪从何而来。实际上，这是他内心深处的"悲伤"在作怪。表面的次生情绪——焦虑、烦躁，掩盖了他不愿面对的、真实的原生情绪——悲伤。如果他不能认清自己的真实情绪，并做出妥善处理，那就有可能一直被困在焦虑、烦躁的情绪中。

次生情绪，会让关系更疏离

因为次生情绪通常是我们在遭受挫折或原生情绪被压抑后引发的情绪，所以次生情绪往往表现出防御性和攻击性。一旦我们带着次生情绪与他人沟通，对方就会感到被攻击、被拒绝，进而采用对抗或逃跑的方式回应我们。

比如，孩子去找同学玩而没有告知父母，父母发现孩子不见了非常担心，当好不容易找到孩子的时候，父母会批评、指责孩子："你跑哪里去了？怎么不告诉我们一声！""你走丢了怎么办？""你不知道我们有多担心吗？你是要气死我们吗？"……父母带着次生情绪进行言语输出，虽然表达了对事件、孩子的评价与看法，但是孩子只感受到家长的不满和指责，而没有感受到亲子之间的爱和联结。这其实就是父母把次生情绪扔给了孩子，只会让孩子抵触和远离父母。

正确表达次生情绪的方式是表达其内在的原生情绪。以上述事情为例，父母可以对孩子说："你不打招呼就出去了一个上午，妈妈很生气（愤怒），因为……""整个上午都没有你的消息，你知道我有多担心吗？"……在这样的对话中，家长表达了恐惧和担心的原生情绪，让孩子看到自己在父母心中的重要性，感受到父母对自己的爱，从而能够增进亲子关系。

情绪粒度：提升情绪分辨率

> 提升情绪粒度是一个需要不断练习和积累的过程。只有保持耐心，不断努力，才能在每一种情绪出现的时候准确地捕捉它们，并及时制止不良情绪的肆意蔓延。

情绪粒度是美国心理科学协会主席莉莎·费德曼·巴瑞特于20世纪90年代提出的心理学概念，指人识别、区分自己情绪的能力。我们也可以把它理解为大脑对情绪的"分辨率"。

情绪粒度高的人不但能准确地识别不同的情绪，更能分辨出相近情绪的微妙差别，比如"失望"和"沮丧"、"焦虑"和"恐惧"。

情绪粒度低的人对情绪的识别能力相对较低，无法具体、准确地描述自己的感受，只会用"好"或"不好"、"开心"或"不开心"笼统地形容，甚至还可能以躯体化的形式表达情绪。

情绪粒度影响情绪管理

情绪粒度的高低直接影响人们应对和管理情绪的能力。

1. 把控自身情绪，感知他人情绪

情绪粒度高的人能够精准地分辨和表达自己的情绪，深入了解自己的内心需求和渴望，也能有针对性地改善自己的情绪状态。同时，这能让他人更好地理解自己。比如一个人对朋友说"我很难过"，朋友可能不知道如何提供帮助；但如果能具体说出"这件事让我很焦虑"，朋友就能提供情感支持，并提出针对性建议。

当然，情绪粒度高的人也能很好地感知他人的情绪，在人际交往中更能够设身处地理解他人，和他人友好地交流、互动，减少误会，消除人际矛盾。

情绪粒度高的人善于保持良好的情绪状态，积极应对生活中的压力和挑战。相反，情绪粒度低的人因为难以识别和理解自己的情绪，容易被情绪支配，将更多的精力和能量消耗在和情绪的对抗中，造成恶性循环。

2. 明白情绪的起因

情绪粒度高的人能够清楚地知道情绪的来源。比如，他能很清楚地分辨出自己现在的焦虑是出于对家人健康的紧张和担忧，还是对重要事件可能被耽误的焦虑与无助……只有明白引发情绪的原因，才能从根本上找到解决情绪问题的方法，更好地调节和管理情绪。

情绪粒度低的人则对自己的情绪因何而起感到困惑，这种迷

茫的状态又会在困惑的基础上给他们增添烦恼。因为他们不清楚自己面对的是什么，也不知道如何应对，就如同身陷情绪迷宫难以脱身，最终被情绪支配。

3. 更好地宣泄情绪

如果仔细观察，我们就会发现那些只会用"伤心""难过"等笼统的心理词汇表达情绪的人，往往因为说不清楚感受、不知道如何表达情绪而更加困惑、崩溃，甚至会通过大吼大叫、肢体冲突等极端方式发泄情绪，因而引发更大的问题。

那些能够准确分辨情绪并用精准的语言表达情绪的人，往往能够顺畅地宣泄情绪，并在宣泄之后渐渐归于平静。这些人就如同拥有了走出情绪迷宫的地图，能够轻松冲出情绪困扰，更好地掌控和管理自己的情绪。

4. 减少心理消耗

莉莎·费德曼·巴瑞特指出：当情绪发生时，我们只有准确地识别它，才能把控情绪所引发的生理反应和行为反应，有针对性地解决问题。

比如，当看到老鼠时，如果一个人能够准确地识别出自己所产生的情绪是"恐惧"，那么，他再次看到老鼠时就会再次识别出"恐惧"的情绪，并激活部分身心反应——血压升高、释放皮质醇。在这个过程中，"恐惧"只激活了局部的身心反应，而不会产生过多的身心损耗。

相反，当看到老鼠时，如果一个人无法准确识别自己的情绪，只觉得"很糟糕",那么他的大脑就不知道问题出在哪,也无法针对性地解决问题。当再次看到老鼠且觉得"很糟糕"时,他就会调动全身心的能量来应付情绪带来的压力,这不仅无法摆脱负面情绪的压力,还会反复消耗心理资源和精神能量。

5. 保持身心健康

情绪粒度高的人能准确区分情绪,更易找到针对性方法来调节情绪。比如,当感到焦虑时,他们可能会通过深呼吸、放松肌肉等方式缓解身体的紧张,舒缓焦虑;当感到恐惧时,他们可能会快速找到合适的倾诉对象,通过倾诉释放情绪……

他们能够轻松摆脱负面情绪的困扰,所以不会轻易在压力下崩溃或以消极方式逃避情绪压力,比如酗酒、暴食、自伤,更不会采用极端言行侵犯他人,也不会轻易出现抑郁、焦虑等心理问题。可见,情绪粒度高的人更容易保持身心健康。

有效提高情绪粒度

1. 多学习情绪概念和相关词汇

儿童如果能多学习和使用与情绪相关的词汇,就能够在一定程度上提高情绪管理能力。这个方法同样适用于成年人。掌握的情绪词汇越多,我们越是能够准确地表达情绪,且丰富的情绪词汇能够帮助我们更细腻地觉察和感受自己的情绪。

比如,当感到不安时,我们可以尝试分辨到底是"紧张""烦躁"还是"担忧",然后试着用更精准的词汇描述这种"不安"的情绪；当感到"不高兴"时，我们可以尝试用"悲伤""失望""痛苦"等词汇来描述它……一旦能够精准分辨和表达情绪，我们就能提高情绪粒度，从而找到更恰当的方式管理情绪。

2. 培养情绪觉察能力

当情绪发生时，我们不应急于做出反应，而应思考："我现在的情绪是什么？""我为什么会有这种情绪？""这种情绪对我有什么影响？"……只有通过思考，我们才能够深入地了解自己的情绪状态，从而提高情绪粒度。

另外，当情绪出现时，我们还要用心感受身体反应，比如愤怒可能会让我们心跳加快、肌肉紧张、呼吸急促或加深、瞳孔扩大、头晕目眩；恐惧可能会让我们身上冒出冷汗、面色苍白、下肢无力……注意身体感受，提高情绪的自我觉察能力，可以更快地识别情绪，提高情绪粒度。

被命名的情绪更容易被掌控

> 只有深入理解情绪,为情绪命名,我们才能掌控情绪,并在更高层次上实现身心健康和自我成长。

生活中,我们可能都有过这样的体验——

被烦心事弄得特别心塞,又说不清到底是什么心情,莫名其妙的情绪始终堵在心口,发泄不出来,导致很多天都烦闷。

无缘无故地遭到他人指责,心情异常烦躁,只好找个借口向不相干的人发难,给对方留下不可理喻的糟糕印象。

总是被朋友和家人指责喜怒无常,自己万分委屈,明明是他们不理解自己。

……

面对这些挣扎与失控,我们虽然知道其本质是情绪问题,却不知如何处理。如果能够静下心思考,我们就会发现:当情绪发生时，如果我们以隔离、否认、回避、爆发的方式应对它，那么它反而会对我们的身心和生活造成更大的伤害。

那么，如何更有效地解决情绪问题呢？

或许，我们可以尝试这个方法：为情绪命名。

被命名的情绪，更容易被理解和接纳

为情绪命名，简单来说就是用语言或文字描述我们内心的感受。比如，当感到愉快而兴奋时，可以说"我感到很高兴"；当感到开心愉快、舒服痛快时，可以说"我觉得很舒畅"；当对未来感到担忧时，可以说"这太让我焦虑了"；当感到被忽视或被不公平对待时，可以说"我觉得很委屈"。

在为情绪命名时，我们需要把自己与感受、引发感受的事件分隔开来，更理性地面对情绪。一旦情绪被命名，也就意味着它被我们理解、认知和掌控了，我们就不会再因为无知而恐惧它，也就避免了被情绪左右而采取极端方式发泄情绪的情况。

相反，如果一种情绪无法被命名，那么就意味着它无法被理解和接纳，我们就会对抗它，或者把它压制到不被觉察的内心深处的某个角落。这样做只会让被压抑的情绪以另外一种方式表达出来，比如身体疾病。

从这个意义上来说，为情绪命名，其实是一种非常有效的心理自助技能。当发生强烈的情绪体验时，我们不妨试着打开身心去体验它、接纳它，为它命名。

为情绪命名，温柔地回应情绪

1. 深入探索自我

情绪是构建内心世界的主要部分，识别情绪是进行自我觉察、自我认知的重要一环。当我们能够识别自己的情绪，并用语言或文字描述出各种情绪带来的感受时，就能深入理解自己的内在状态。

2~6岁的孩子已经拥有了理解和调节情绪的能力。如果父母在这一阶段时能够更多地肯定并认同孩子的情绪，那么孩子就更容易接纳自己的情绪，减少与情绪对抗，进而发展出丰富细腻的情感，接近真实的自己。

对于已成年的我们来说，也可以采用上述方式：当情绪发生时，我们需要先觉察自己的情绪，并在觉察的基础上识别、肯定、接纳情绪，然后对情绪进行命名。如此去做，情绪就成了我们了解内在世界的一个通道。

2. 深度共情他人

为情绪命名还能帮助我们更有效地了解和理解他人的情绪，有利于我们和他人进行交流，促进互相之间的了解，建立更顺畅的人际关系，避免做出伤害自己和他人的事情。

比如，在职场中，当同事表现出愤怒时，情绪命名能力能够帮助我们快速识别出对方此刻的情绪状态，从而根据双方的情绪采取更恰当的沟通方式，缓解人际矛盾，调节人际关系，促进问题的解决。再比如，在亲密关系中，如果我们能够识别出对方"现在感到非常孤独",并把它反馈给对方,同时为对方提供相应的情感支持,就能够增进彼此之间的理解。

3. 有效调节情绪

情绪是我们内在世界的外化。如果能够准确地命名情绪,我们就能更好地理解自己的内在世界,并更好地接纳、管理情绪,而不是被情绪牵着鼻子走。

比如,在感到伤心时,我们先不要急于推开这种情绪,不妨试着感受一下,并对它进行命名——"我很伤心"。一旦我们能够对情绪进行言语化表达,就更能看到和觉察自己的内在感受。

看见即疗愈。当我们看见了自己的情绪,就不会再恐惧、压抑它们,而是能够合理地表达情绪,尽情地释放情绪。

掌握"为情绪命名"的能力

为情绪命名,我们不仅要准确地定义和描述自己的情绪,还要从多个维度了解和体验情绪。

1. 借助身体的感受了解情绪

情绪发生时往往伴随着身体反应,为了更好地命名情绪,我们不妨借助身体的感受了解情绪。比如,当感受到情绪波动时,我们可以先让自己安静下来,深呼吸,帮助自己从当前的情境中逐渐抽离出来,营造出自我观察的空间。

然后,试着把注意力放在身体感受上。比如紧张时,肩膀会紧绷、心跳会加快,可能还会出现手心冒汗的情况;悲伤时,胸口会沉闷、堵塞；愤怒时，呼吸急促、面红耳赤、心跳加快……通过身体感受，我们能够更直接地识别自己的情绪状态。

这时，我们可以问自己几个问题，以便更深入地了解自己当时当刻的情绪状态："我现在感受到的是什么样的情绪？""我为什么会产生这样的情绪？""这样的情绪让身体的哪些部位产生了反应？"……

当带着这样的思考去感知身体反应时，我们就能更好地理解情绪背后的深层原因，以及情绪对自己造成的影响，从中找到自己的情绪模式和规律，提升对情绪的掌控能力。

2. 借助情绪轮盘了解情绪

情绪轮盘是一种用来命名情绪的工具。它提供了识别和交流情绪的语言，可以帮助我们更准确地识别和命名情绪，提升我们对情绪的敏感度。

情绪轮盘有许多不同的版本，在这里，我们只选择其中的一个版本说明它的使用方法。

情绪轮盘分为三个同心圆——最中心的圆包含六个基础情绪：快乐、平静、悲伤、恐惧、愤怒、坚定；向外的第二圈包含由六个基础情绪衍生出的具体情绪，比如，"快乐"这一基础情绪向外一圈，衍生出的具体情绪有：喜悦、欢乐、欢喜、幸福、开心、愉悦；"快乐"再向外一圈则是更加具体的情绪词语，比如满足、欣喜、兴奋……如下图所示。

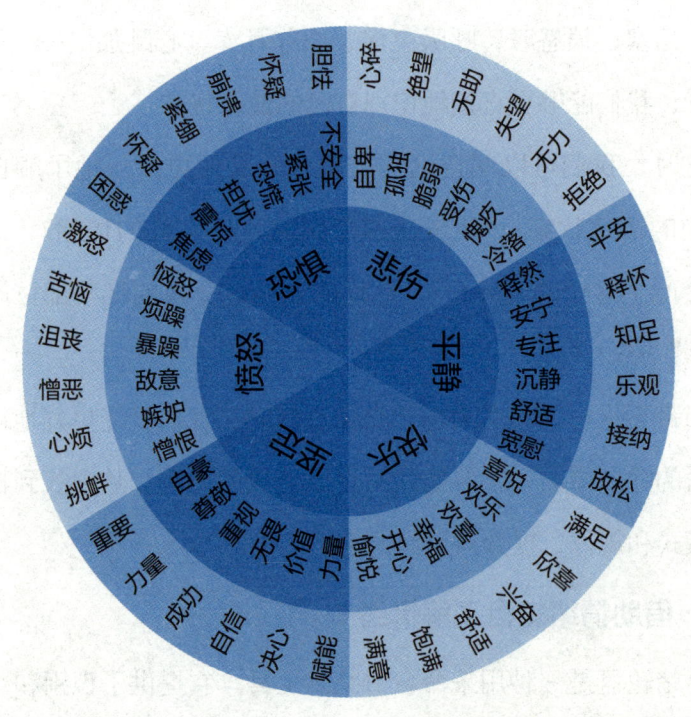

借助情绪轮盘，我们可以深入解析自己感受到的情绪。比如，愤怒的背后可能掩藏着嫉妒、憎恨等。当我们能够熟练识别、命名自己的情绪时，就能够把情绪和我们自己区分开来，认识到情绪不过是存在于当时当刻的一种心理状态，它们既会来，也会去。如果我们愿意了解它，它就不再是让我们失控的洪水猛兽，而是成为我们探索自我、疗愈自我的好帮手。

3. 了解、识别情绪的其他方法

我们可以通过看影视剧、阅读书籍，理解影视剧和文学作品中角色的情绪变化，并尝试为他们的情绪命名；也可以多和他人进行交流，并认真倾听和观察他人的情绪表达；还可以通过写作、绘画、听音乐、乐器演奏等方式表达和抒发自己的情绪……

第三章

你应该知道的一些情绪真相

愤怒，意味着边界被侵犯

> 当我们能够以理性的方式表达愤怒、维护边界时，相当于具备了告诫和震慑他人的能力，我们就不会生活在恐惧、委屈和愤怒之中。

关于愤怒，大多数人都会把它视为一种负面情绪并加以排斥。因为和其他情绪相比，愤怒有着更强的能量和攻击性，人们更容易被愤怒所左右，说出伤人的话或者做出冲动的行为，事后又后悔不已；而且，发泄愤怒的人有时会面目狰狞、行为失控，容易给人留下缺乏教养、不体面的印象。基于愤怒时的糟糕表现，多数人都倾向于压抑自己的愤怒，遇事隐忍、退让。

事实上，愤怒并非一无是处，它是在提醒我们——边界被侵犯了，而表达愤怒则是在维护自我边界，警告那些实施侵害的人：停止你的行为！我的边界和底线不容侵犯！

愤怒是一种保护机制

愤怒是我们与生俱来的能力，是保护自我、防御外界侵害的一种本能反应。比如，在激烈的谈判过程中，面对咄咄逼人的对手，适度表达我们的愤怒，亮明我们的底线，反而更容易得到对方的尊重或让步，此时的愤怒里包含着力量、自尊、自重。相反，在界限不断被侵犯的时候，如果我们仍然一味退缩、忍让，不做任何有力回应，对方就可能变本加厉、得寸进尺。

其实，愤怒的情绪可以保护我们。适度的愤怒意味着守护边界。只有建立良好的边界，我们才能更好地与他人交往。

这里所说的边界，是指一个人在心理、情感上对自我与他人、主体与客体进行区分的能力。健康的边界如同为我们的身心建立了保护层，有助于保护我们免受外界的侵扰和伤害，同时也能帮助我们维护健康的人际互动。

那么，什么是健康的边界呢？

第一，敢于对伤害自己的人和行为说"不"，而不必担心失去对方。

第二，成为生活的主人，把握人生的控制权。

第三，坦然接受他人的拒绝，不会因此冷落对方。

第四，尊重他人的边界。

边界受损

边界受损常常表现为如下两种形式。

1. 边界直接被侵犯

比如，室友未经允许就擅自使用你的东西时，你感到非常愤怒，因为你的个人界限和隐私被侵犯了。这个时候，如果你能够在愤怒之余郑重地告知对方："请不要随便用我的东西！"对方就会明白你的态度，有所收敛。可见，表达愤怒不一定非要大吼大叫，也可以通过理性的拒绝来表达。

在边界被侵犯后，一个人如果无法表达愤怒，不敢说"不"，久而久之，他就会失去边界，变得只会迎合他人的需求，而无视自己的需求，从而丧失自我。

2. 边界混淆

这是一种更为隐秘的边界受损，很难被察觉。在潜意识中，受害人甚至为了压抑自己的愤怒而讨好那个侵犯边界的人。这种情况时常发生在父母和孩子之间。一些边界感很弱的父母常常以"爱"的名义侵犯孩子的边界，造成孩子对家长的边界混淆，甚至形成心理上的亲子共生关系。

比如，妻子和丈夫关系很糟糕，且自身非常脆弱。在扮演母亲的角色时，她可能会把孩子视为情绪伴侣，从孩子身上寻求情感支持和慰藉，也许还会把自己在婚姻中的种种不如意毫无顾忌地向孩子倾诉，把孩子拉进夫妻矛盾中，让孩子做评判、选择、调解，甚至怂恿孩子谴责自己的父亲。这样的行径严重混淆了孩子与父母的边界，导致孩子很难独立和成长。

即便在成年以后，孩子在潜意识里仍有可能与母亲粘连在一起，导致他无法在心理上成为独立的个体，使他的婚姻生活、人际关系都受到很大影响，且容易产生焦虑、恐惧、愤怒等负面情绪。尤其是愤怒，被剥夺了自主性和独立性的孩子在潜意识中会对父母有着极大的愤怒，但他内心深处又觉得这种愤怒不应该向父母发泄。为了压抑这种愤怒，他可能会反向形成——极力地讨好父母，表现得顺从、听话，不惜牺牲自己的一切取悦父母。可悲的是，只有这个孩子能够意识到自己的愤怒，而父母对此毫无觉察。只有适度地释放这种情绪，他才能和父母划清边界，并慢慢走向独立。

守住边界，健康表达愤怒

在边界被侵犯时，如果我们一味地压抑自己的愤怒，就会纵容他人一次又一次地越界，直到彻底磨灭我们的自尊和内在力量，使我们慢慢丧失维护自己边界的能力。而且，不断被抑制的愤怒最终会转化为自我攻击，要么化为委屈，要么变成一种无力的羞耻感，让我们陷入抑郁、自责之中。

当然，表达愤怒并非为了伤害他人，而是为了保护我们自己。当感到愤怒时，我们可以给自己一个空间，好好思考愤怒背后隐藏着怎样的心理需求，自己的哪方面被他人侵害了，然后以恰当的方式提醒他人——

"你做了……伤害到我了。"

"我之所以生气，是因为你做了……"

抑郁，不同于抑郁症的正常情绪

> 抑郁情绪虽然会带来负面影响，但也是一种提醒：我正在遭遇不好的事情，我需要做些什么来改善这种情况。只有正视和接纳抑郁情绪，积极做出改变，我们才能打破困境，拥抱生活的美好。

抑郁是我们在日常生活中经常体验到的一种情绪。比如，当有人说"我emo了""我什么事都不想做，就想发呆""我心里酸酸的，想哭"时，这意味着他正处在抑郁的情绪中。但抑郁的情绪并不等同于抑郁症，二者有本质的区别。

抑郁情绪与抑郁症

1. 起因不同

抑郁情绪是指一个人遭受挫折看不到希望，或是遭遇打击时所体验到的负面情绪，表现为精神颓废、懒散、无精打采、内心压抑、烦躁不安。这一情绪的产生通常事出有因。

抑郁症并非由单一因素引起，而是多种因素共同作用的结果，主要包括生物学因素、心理因素和社会环境因素。

①生物学因素：一方面，神经化学失衡，比如血清素、多巴胺等调节情绪、食欲、睡眠的神经递质异常，可能会导致抑郁。另一方面，家族中有抑郁症病史的人患病风险更高。

②心理因素：消极的认知模式，比如过度反刍、自我否定，或高神经质、低自尊、完美主义的人格特质，或童年创伤，可能增加患病风险。

③社会环境因素：重大生活事件，比如失去亲人、失业，或长期压力、缺乏社会支持，或文化和社会压力，比如歧视、排斥等，可能诱发或加重抑郁症。

此外，一些慢性疾病，如癌症、糖尿病等，或药物副作用、药物滥用，也可能导致抑郁症的发生。

2. 持续时间和内在感受不同

抑郁情绪和抑郁症同样表现为情绪低落。但是，抑郁情绪所表现的情绪低落通常只持续几天时间，而且每天只有小部分时间处于情绪低落状态。个人通过自我调节，比如通过运动、倾诉等方式能够摆脱抑郁情绪，恢复正常状态。

抑郁症所表现的情绪低落会持续两周以上，并且每天大部分时间都处于情绪低落状态，同时伴有明显的"三低"。

①兴趣降低：对以前非常热衷的事情毫无兴趣，比如原来特别

喜欢打球，现在想到打球就觉得累。

②思维能力减低：记忆力减退，说话逻辑混乱，思考能力变弱，甚至连想都不会想、大脑一片空白。

③行动力降低：变得邋遢、不讲卫生，什么都不想干，连起床、刷牙、洗澡这样的小事都做不了。

身陷抑郁症的人会觉得自己无能，没有人可以帮助自己，看不到任何希望。他们还常常会陷入自责、自罪（觉得自己是个罪人）之中，甚至产生自杀的念头或做出自残行为。

3. 社会功能的受损程度不同

抑郁情绪不会对个人生活和社会功能产生重大影响，即使个人陷入抑郁情绪，也能正常工作、学习、生活，仍然能进行正常的社交。但抑郁症会严重影响个人的工作、学习和生活，严重者会有自杀、自残的行为。

需要警惕的是，虽然抑郁情绪是我们在遭遇打击或困难时的正常情绪，但是一定要及时释放和疏解，而不要让自己长时间陷入抑郁情绪中，否则也有可能发展成抑郁症。

抑郁情绪因何产生

1. 未被满足的内在需求

美国心理学家马斯洛提出的需求层次理论指出，人们有五种不同层次的需求，从低到高依次为生理需求、安全需求、爱和归属需求、尊重需求、自我实现需求。

当然，每个人所处的需求层次不尽相同，但无论处于哪一种需求层次，一旦得不到满足，就容易产生抑郁情绪。很多家长不明白为什么物质条件好了，孩子反而得了抑郁症。从需求层次理论来看，这是因为孩子在生理需求得到满足后，更高的需求没有得到满足，以致陷入抑郁情绪。长期处于抑郁情绪中，孩子就有可能患上抑郁症。

从这一角度来说，如果我们能够及时发现自己未被满足的心理需求，并积极满足或调整这些需求，就能有效调节抑郁情绪。

2. 长久的负面情绪无法宣泄

如果我们的负面情绪，比如孤独、痛苦、恐惧等总是得不到疏解，那么就会郁结于心，过度消耗我们的心理能量，导致产生抑郁情绪。

在日常生活中，我们应当努力维护与亲友间深厚且持久的联系，以便在出现负面情绪时能够找到倾诉的对象。同时，多培养一些兴趣爱好，也可以借此转移注意力，减轻心理压力。此外，学会自我调节也是管理情绪的重要手段，比如进行适当的锻炼、深呼吸、冥想等。

3. 负性思维习惯

很多抑郁情绪都源于我们的负性思维习惯。这些负性思维习惯在不知不觉中加重了我们的心理负担，消耗掉我们的内在能量，使我们陷入抑郁情绪之中。常见的负性思维习惯有以下三种。

①自我贬低

有些人习惯于自我贬低，对自己非常挑剔、苛刻，总能找到自己的缺点，甚至把自己的成功也归因于运气。而且，一旦犯错，他们就会无限放大自己的问题，产生强烈的内疚感。这种思维习惯很容易让他们感受到焦虑、压力，从而陷入抑郁情绪。

②过度思考

有些人习惯于反复思考一些负面的、灾难性的问题，对未来总是持悲观态度，常常预想最糟糕的结果，并为此深感忧虑。这种过度思考会让他们深陷其中，无法自拔，让他们对未来失去信心，生活在恐惧和不安中，导致抑郁。

③习惯性逃避

有些人缺乏应对问题、解决问题的经验和技巧。当遇到问题时，他们习惯于通过工作、娱乐，甚至是酗酒等方式逃避那些让他们痛苦的事情。结果导致问题越堆积越严重，情绪压力也越来越大。

因此，我们要注意这些负性思维习惯，关注它们对我们的情绪和生活所产生的影响，并积极寻求改变。只要我们坚持以更乐观、更包容的态度看待自己和生活，就能远离情绪困扰。

综合上述分析，抑郁情绪的形成与多种因素有关，理解并识别引发抑郁情绪的因素，对预防和调节抑郁情绪至关重要。

嫉妒，源于内在匮乏

> 嫉妒是一种复杂的情绪，主要源于自身内在的匮乏。如果我们能够爱自己，接纳自己的不完美，让内在充盈起来，就不会再被嫉妒这种情绪折磨。

心理学上，"嫉妒"指在社会比较中，个体因为意识到别人拥有自己渴望却无法拥有的东西时，所体验到的一种令人不快的感受，表现为自卑、敌意和怨恨相混合的复杂情绪。深入了解嫉妒情绪，有助于我们更好地了解自己的内在世界。

为什么会心生嫉妒

1. 来自内在匮乏

有心理学家认为，嫉妒的核心是不安全感、恐惧感或竞争感。

人们之所以产生嫉妒情绪，常常是因为"你有，我没有"，这是一种匮乏的状态。处于这种状态的人认为一旦别人得到了某个机会或某种利益，就意味着自己失去了它。这其实是把自身的匮乏感投射给了外部世界。

那些自我价值感很高的人很少产生嫉妒情绪，因为他们的内在是富足而快乐的，他们不需要向外界寻求满足感和安全感，也不会因为看到他人的优势和长处而感受到威胁。

2. 破坏积极的自我评价

嫉妒是一个人在和他人进行比较并遭到失败后所产生的一种情绪。嫉妒的潜台词是"我不如他"，这会严重影响对自我的积极评价。

嫉妒情绪里含有自卑的成分。心怀嫉妒的人因为别人的存在而不再认可自己，觉得自己毫无价值。当嫉妒情绪泛滥时，这个人就失去了自信，而越是不自信的人越会努力维持自尊，甚至不惜搞破坏，比如否定、打压嫉妒对象，损毁引发嫉妒的东西等。

3. 对身边人的嫉妒

我们可能会嫉妒和自己一起长大的发小，因为他刚刚得到了一个很好的工作机会，而这个机会也是我们盼望了很久却没有得到的；当得知以前一直过得不怎么好的亲戚赚到了钱，我们也可能会嫉妒他。但是，我们很少嫉妒那些我们并不熟悉的人，因为他们离我们过于遥远。

4. 与个人利益有关

在单位里，当很多人竞争同一个待遇优厚的岗位时，任何人得到这个岗位都可能引发其他人嫉妒。无论这个胜出者多么出色，多么胜任这个岗位，都避免不了他人嫉妒和不服气。因为这是一种关乎自身利益的竞争，属于"你得到，我就得不到"的竞争，必然会引发嫉妒。

我们要正视和接纳嫉妒情绪，把破坏性的嫉妒转化为建设性的嫉妒，把"我没有，你也不能有"的念头转化为"你有的，我也要努力拥有"的想法，进而督促自己保持上进，成为更好的自己。

积极转化嫉妒情绪

情绪是一把双刃剑，关键在于我们是否能够正确认识和利用它。嫉妒当然也不例外。我们不要再因为嫉妒而感到羞愧和自责，而要将"见不得别人好"的念头转化为"希望自己更好"的想法，如此就不会再被嫉妒驱使，做出不理智的行为。

1. 明确内心渴望，努力实现目标

虽然网上常说"嫉妒使人面目全非"，但实际上，嫉妒也是使我们变得更好的契机，因为它会告诉我们内心深处期待与渴望的是什么，以及期待与渴望的程度，并将其转变成动力，进而促使我们专注于提升自己，加倍努力地实现愿望。

2. 欣赏别人的成功，接纳自己的不足

嫉妒影响不了别人，但一定会伤害自己。由嫉妒引发的自卑、焦虑、仇恨，会让人陷入不断的自我折磨中，无法集中精力做事，在持续的内耗中变得越来越平庸。

美国杰出的商业哲学家吉米·罗恩说："一个人的财富和智慧，是他亲密交往的五个人的平均值。"由此说来，如果我们嫉妒周围的人比我们强，希望他们不如自己，实际上是在阻碍自己进步。当我们不再嫉妒他人，而将他人的优势看作自己努力的目标时，嫉妒的对象就从敌人变成了不断激励我们进步的老师。

3. 找到适合自己的赛道

每个人既有自己的长处和优势，也有自己的缺点和短处，与其"妒人有，恨己无"，不如多发掘自己的优势和长处，在自己擅长的领域里深耕细作。例如，小B虽然嫉妒朋友小A工作能力强，但并没有因此觉得自己一无是处，因为他发现自己在人际交往方面强于小A。小A也特别欣赏小B的才能。在很多次生意谈判时，小A都特意邀请小B出面，他们优势互补，合作得非常好。

小B虽然嫉妒朋友小A的才能，但他并没有迷失自己，而是在嫉妒情绪的激励下挖掘且明确了自己的长处，找到了更适合自己的赛道。

悲伤，关于分离、丧失和失败

> 悲伤虽然令人痛苦，但不能逃避，要勇敢面对。只有试着用恰当的方法增强自己的心理韧性，学会在悲伤中好好照顾自己，我们才能慢慢恢复元气，实现成长。

悲伤是一种常见的情绪，也是个体在成长过程中较早出现的情绪之一，并且是人类很早就认识和了解的情绪之一。

当一个人陷入巨大的悲伤之中，这种情绪会对个人的身体和意志造成很大的影响，比如失眠、食不下咽、无法正常思考……但是，不要怕！这些反应都是人们在面对悲伤时的正常表现。

悲伤的四种特质

1. 指向过去

悲伤是指向过去的，是由那些已经发生且无法挽回的结果引发的情绪体验。比如，大学毕业后同学们各奔东西，遗失了重要的东西，在赛场上失利……这些已然发生的既成事实，是过去的、无法挽回的结果，也正因为如此，才会让人陷入悲伤情绪。

2. 程度不同

悲伤的程度取决于引发悲伤的事件或人物对个体的重要程度。如果设定一个人的悲伤程度为十分，那么因为离职而离开一些普通同事的悲伤程度可能是四分，失去一个相交多年的挚友、知己的悲伤程度可能会高达七八分。

3. 主观性

同一件事是否会让所有人都产生悲伤情绪，取决于个人的主观认知。以比赛失利为例，有的人对比赛寄予厚望，在赛前付出了巨大努力，因而陷入巨大的悲伤之中；有的人本来对比赛没有期待，且赛前准备不充分，所以并不会有悲伤情绪。

受个人主观性的影响，每个人在面对同一件事时的悲伤程度和持续时间也会有所不同。有人的悲伤是轻微的，仅持续几秒钟；有人的悲伤十分强烈，且会持续很长时间。

4. 弥散性

所谓弥散性，是指当一个人产生某种情绪时，这种情绪所表现出来的感受会向周围的人、事、物弥散。比如，当一个人感到悲伤的时候，他会感觉周围的一切都被悲伤的氛围所笼罩。而强烈的悲伤情绪具有更强的弥散性，如同一张网一样把人罩在里面，使人难以自拔。

悲伤的五个阶段

美国心理学家伊丽莎白·库伯勒·罗斯提出了"悲伤的五个阶段",分别是否认阶段、愤怒阶段、讨价还价阶段、抑郁阶段、接受阶段。

人们从经历悲伤情绪到告别悲伤情绪,通常会经历这五个阶段。但是,并非每一个人都会完整地经历所有阶段,大多数人至少会经历其中的两个阶段,还有些人可能会反复经历一个或多个阶段。

1. 否认阶段

"不会吧,不可能啊!""这不是真的!"……

听到难以接受的变故时,人们的第一反应往往是不相信。实际上,这是一种心理防御机制,人们通过否认已经发生的事实获得暂时的心理安慰,以保护自己免受强烈悲伤情绪的冲击,逃避心理上的痛苦,防止自己被悲伤情绪淹没,导致崩溃。这一阶段通常会持续数周。

2. 愤怒阶段

"这不公平!""为什么要让我来承受这些!"……

人们在逐渐意识到事实无法改变,却又无法接受的时候,就会感到愤怒、无助、焦灼。这时,人们迫切地想要为自己的情绪和已发生的事实寻找解释,以便让自己能够理解和接受现实。然而,他们发现所有答案都无法令人满意,这时,他们会感到强烈的愤怒。

3. 讨价还价阶段

"如果……我什么都愿意做！""只要……我就……"……

人们在尝试了所有努力却发现于事无补后，会感到深深的无助，为了摆脱这种无助，他们发自内心地渴望发生奇迹，以此改变令人痛不欲生的结果。他们甚至愿意与任何人交易、讨价还价，试图抓住一丝希望。

4. 抑郁阶段

"这个世界和我无关了……""活着还有什么意义？"……

当讨价还价依旧无法改变现实时，人们会陷入消沉、孤独之中，可能会整日哭泣，或者陷入深深的自责与悔恨之中，甚至出现极度消极、悲观的想法。种种表现说明，人们已经陷入了抑郁状态。这一阶段是最难熬的，如果发现自己沉浸在巨大的悲恸之中超过两周，并严重到无法正常生活、学习和工作，一定要及时寻求专业的心理帮助。

5. 接受阶段

"就这样吧，所有人都尽力了。""生活还得继续。"……

悲伤发展到最后，人们会慢慢接受现实，不再逃避。他们学着放下过去、整理情绪，尝试面对失去或失败，心智逐渐复苏，并积极地寻求解决办法，开始重建生活。

在悲伤的五个阶段中，每个阶段之间并没有明确的分界线，情绪强度和持续时间因人而异。在不同的阶段，我们要试着承受、探索、觉察，真切地经历，只有这样，我们才能一步一步往前走，成为全新的自己。如果一味地排斥悲伤，或者始终困在某个阶段，那么我们可能就会一直沉浸其中，无法实现心灵的疗愈。

悲伤，是我们一生当中都会经历的情绪，也是高度个人化的情绪体验。如何感受悲伤、应对悲伤，取决于很多因素，包括我们的个性、经历、信念……疗愈悲伤需要一个过程和一些时间，请对此保有耐心，允许这个过程自然展开，这对我们至关重要。

恐惧，是保护，也可能是伤害

> 恐惧情绪是人们应对实际威胁或潜在危险的一种本能反应，是人类在进化过程中形成的一种自我保护机制。但是，过度的恐惧并不能保护我们，反而会伤害我们。

心理学上，恐惧是指在真实的或想象的危险中，个体所感受到的一种强烈而压抑的情感状态。这种情绪既可能源于真实的危险，也可能是个体过去的感受或经历被当下的环境所触发而产生的情绪。

引发恐惧的三个因素

1. 令人害怕的事情

这是我们能够明显感知到的在面对某些事物时产生的恐惧，属于恐惧的第一层次。比如，害怕黑夜，害怕打雷，害怕社交……

2. 曾经的心理创伤

这种恐惧通常源于过去发生的那些负面经历，比如亲人离世、幼时被遗弃。这些负面经历往往会在我们心中留下难以磨灭的心理创伤，使我们在面对类似情景时，被再次触发相似的恐惧。

3. 缺乏安全感和内心的匮乏

很多时候，我们恐惧的并不是事件本身，而是这件事所引发的感受。比如，社交恐惧、演讲恐惧。我们深入探索就会发现，真正恐惧的并不是社交、演讲本身，而是我们内在的不自信，害怕自己的能力应付不了这样的场景。这是我们内心的匮乏造成的恐惧。

过度恐惧不是保护，而是危险

适度的恐惧可以起到预警的作用，帮助我们远离危害，而过度的恐惧则会给我们造成伤害，且对我们的个人成长形成阻碍。

1. 过度恐惧会危及健康甚至生命

过度恐惧所引发的紧张状态会让个体的身体和精神出现"木僵"状态，如同被冻住一样不听使唤，不受控制。在过度恐惧的影响下，身体会产生强烈的反应，比如肾上腺素分泌急剧增加、血压快速升高、肌肉十分紧张、发抖、心跳剧烈、口渴、出汗等。

短暂而剧烈的恐惧还可能让人出现激动不安、大哭、大笑及思维和行为失控的情况，甚至出现短暂性休克。持久的恐惧会使人体内环境失衡，出现胃溃疡、胸腺退化、炎症、免疫力下降等健康问题。如果恐惧引发的身体消耗持续太久或过于严重，还会致人死亡。

2. 过度恐惧会造成心理问题

过度恐惧会引发过度焦虑，使个体承受巨大的精神压力，导致情绪高度紧张，形成胆小、羞怯、强迫性倾向等性格，甚至干扰正常生活和决策。

过度恐惧还可能引发恐惧症，比如社交恐惧症、广场恐惧症，使人一旦进入相应环境就会感受到极度恐慌。其实，恐惧的程度通常大于现实的危险程度，且伴有回避行为。

除此之外，过度恐惧还可能引发"创伤后压力综合征"，简称PTSD。这种极度恐惧通常是个体在经历灾难事件或异常恐怖事件，比如地震、火灾、战争等后产生的，会给个体的大脑神经带来巨大的刺激和伤害，留下恐惧记忆，并引发行为失常。

3. 过度恐惧会扭曲认知

在特别恐惧的时候，个体的注意力范围会变得狭窄，间接造成感知上的错觉。比如，在一些十分害怕蜘蛛的人眼中，蜘蛛往往比实际的大很多。另外，恐惧情绪还有可能通过影响判断，扭曲人们对风险的认知和评估，使人们做出错误的决策。比如，因为过度恐惧潜在的健康风险，人们可能会大量囤积药品或过度医疗。

恐惧还会影响人们对自我的认知，比如那些害怕社交的人往往认为自己是无能的、无价值的，不值得被他人关注，因而在人际交往中产生回避行为，削弱了建立和维护关系的能力。

4. 过度恐惧会损害大脑的结构和功能

过度恐惧可能会改变大脑的功能和结构。有临床研究发现：当恐惧情绪产生时，人体中的大量血液涌入脑部，血液中携带的有毒物质也随之聚集在脑内，导致脑供氧不足，加速脑细胞老化；另外，恐惧情绪还会使大脑中儿茶酚胺的浓度升高，导致脑部血管收缩，容易引发脑血管疾病。此外，长期的恐惧引发的慢性压力可能还会使海马体萎缩，损伤记忆力。

化解过度恐惧

1. 正视恐惧，找到原因

列一个恐惧清单，把在日常生活中害怕的事情都列出来，然后正视它，剖析它。比如，害怕和陌生人打交道，不敢结交新朋友；害怕分别的场合，不敢为朋友送行；被人冤枉时，不敢为自己辩护……

接下来，逐一分析恐惧清单中的每一事项。比如，害怕和陌生人打交道，到底是害怕陌生人，还是害怕自己表现不好，被陌生人评判？或是害怕因为陌生而没有共同话题，尴尬冷场……

再比如，害怕分别的场合，不敢为朋友送行。在这种场合中，你害怕的是什么？是害怕再也见不到朋友，还是害怕在这样的场合下控制不住情绪，表现失态？或是这样的场合触发了自己过去的分离创伤，令自己无法忍受……

像这样一层层地仔细剖析下去，我们将慢慢学会坦然面对自己的情绪，看清以往被忽略的想法，让情绪和想法变得清晰、透明。我们就容易对这些恐惧进行归因，进而对症下药，不再被恐惧的情绪牵着鼻子走。

2. 感受恐惧，停止想象

很多时候，我们的恐惧情绪不一定是因为引发恐惧的事情本身多么可怕，而可能是过度想象和"脑补"出来的内容吓坏了我们。当事情发生时，我们先不要急于"脑补"它的后果多么可怕，请先试着感受一下它。

比如，用不同的词汇描述恐惧：这份恐惧是因为紧张、焦虑，还是缘于烦躁……然后再感受这份恐惧可能会让身体的哪个部位有所感应，是在胃部还是在头部，抑或在后背？如果这份恐惧有形状，它会是什么样子的？它是凉的还是热的？它是软的还是硬的？它是平滑的还是粗糙的？感受恐惧时，我们的全身有什么反应和变化？如果你想对这份恐惧说几句话，你会说些什么？……如果我们能够这样去感受恐惧，就会发现我们所害怕的事情并没有之前那样具有威胁性了，有的恐惧甚至只是我们"脑补"出来的，实际上并未发生……

3. 重建信念，克服恐惧

信念是一种强大的力量。如果总是被恐惧牵着鼻子走，我们就会相信自己是无能的，是无力掌控生活的。如果我们相信事情一定会有好的结果，也相信自己有能力掌控生活，那么恐惧就会失去威慑力，我们的生活和人生也会发生积极的改变。一旦我们能够直面恐惧、感受恐惧，了解恐惧中的自我状态和脆弱时刻，我们就能战胜恐惧，主宰人生。

紧张，面对压力的应激反应

> 了解紧张情绪，学会调控自己过度紧张的情绪，能够帮助我们有效地减轻心理压力，更好地应对生活中的各种挑战。

紧张是人在某种压力环境下所产生的一种适应性情绪反应。其实，紧张和焦虑都与压力有关，并且都会让人进入"兴奋"的状态。而且，这两种情绪所引发的身体反应也很相似：发抖、出汗、毛孔收缩、心率增加、呼吸频率增加……因此，人们很容易混淆它们，实际上，二者有很多不同之处。

紧张与焦虑

1. 触发事件不同

紧张往往源于清晰而确定的真实事件，是对现实中的危急情况产生的情绪反应，比如重要演讲、高考。但焦虑通常源于对日常事件或未来的担心，并非对某一特定的现实事件产生的情绪反应，所以焦虑没有明确的开始或结束时间。

2. 持续时间的长短不同

受触发事件的影响，焦虑没有明确的开始或结束时间，只要担心一直存在，焦虑就会持续数天、数周甚至数月。但紧张通常会在触发事件消失后消散。

当然，紧张有时也会延绵不断，这往往是因为触发事件过多或事件一直没有结束，比如台风过境让人很紧张，但过去之后，一般人不会持续紧张。但有些人可能会在台风结束很长一段时间后仍处于焦虑之中，因为他们担心还会有新的台风到来。

3. 强度不同

对紧张而言，触发事件越严重，紧张的程度越高。如果设定紧张强度为十分，日常考试引发的紧张程度可能达到四分，高考引发的紧张程度可能达到七八分，甚至更高。焦虑程度在更大程度上取决于个人的主观想法，简单来说，就是越担心越焦虑。

另外，焦虑通常伴随更强烈的生理反应，如心跳加速、肌肉紧绷，而适度紧张的生理反应则比较短暂，而且是可控的。

4. 严重性和影响力不同

焦虑和紧张引发心理问题的严重程度不同。焦虑引发的问题更严重，因为它与恐惧症或恐慌症等有关，这是有临床意义的心理障碍。紧张造成的严重程度则远远低于焦虑。

过度紧张等于自我伤害

紧张是一种短暂的应激反应，通常与特定的情境有关，比如考试、面试、演讲等。随着压力的消失，紧张也会随之消失。

适度的紧张是人类在面临挑战时的自然反应，有助于我们集中注意力，提升个人表现。但是，过度紧张会对个人造成严重的负面影响。

1. 破坏注意力

适度的紧张能让人集中注意力，并提高思维的敏捷性，有助于快速应对危急情况，或是提高工作、学习的效率。但是，过度紧张会破坏注意力，干扰感知、记忆、思维，导致思维迟钝、反应减慢，降低工作和学习的效率。

2. 损害身体健康

短期、适度的紧张可以增加活力，使人精神饱满，而长期、过度的紧张则会引发忧郁或烦闷，还会消耗大量的身心能量，进而引发头痛、心悸、腹背疼痛、疲累等身体问题，导致免疫力下降、记忆力减退，严重情况下还会引发焦虑症、抑郁症，甚至导致自杀等恶性事件。

告别过度紧张

一旦紧张过度，就会干扰我们的正常生活。这个时候，采取措施调节过度紧张的状态，让自己放松下来至关重要。

除了做深呼吸之外，以下三种办法也值得尝试。

1. 咀嚼

我们经常会在过度紧张时感到口干舌燥，这是因为过度紧张会不断刺激交感神经使人兴奋，从而促进肾上腺素分泌，导致口腔唾液分泌减少。

咀嚼动作能够促进口腔分泌唾液，而唾液中的淀粉酶可以有效降低唾液中的皮质醇含量，又因为皮质醇含量与压力感成正比，所以咀嚼能够释放压力，缓解紧张。

另外，当处于紧张状态时，咀嚼动作能够刺激迷走神经使人兴奋，从而达到缓解过度紧张的效果。

2. 蝴蝶拍

蝴蝶拍是一种保持情绪稳定的方法，可以增加安全感和积极感受，安抚紧张的情绪，使情绪和身体进入稳定、平和的状态。具体操作如下。

①微微闭上双眼，双臂在胸前交叉，轻轻抱住对侧的上臂。

②双手轮流轻拍自己的臂膀，以"左拍一下、右拍一下"为一组。动作要轻柔，左右臂膀各拍六下为一轮。

③停下来，缓缓呼吸，感受身体的反应。如果感受很好，可以继续下一轮蝴蝶拍。

在做这个练习时，速度要缓，动作一定要轻柔，想象自己回到了婴儿时期，像被妈妈抱在怀里轻拍。

3. 思维转化

很多时候，过度紧张是因为我们把自己放在了"被审视""被评判"的位置上，比如担心被面试官嘲笑表现不好、担心台下观众不喜欢自己的声音……

对此，我们可以转换思维方式。比如，把"担心被面试官嘲笑""观众不喜欢自己"，转换为"我在展示我的优秀，而不是被他们评判"；再比如，去商场买衣服，在试穿不合身的情况下，不要想"我穿这件毛衣不好看"，而要转化为"这件毛衣不适合我"……这种思维转换能够帮助我们掌握自主权和决定权，勇敢地面对自己，而不是被他人的评价所左右。

自责，自我惩罚的一种方式

> 承担责任不等同于自我攻击。承认错误要带着勇气，而承担责任要带着尊严。我们要摆脱过度自责带来的精神压力，把那些不属于自己的责任交出去。

自责，是一种因为伤害了别人，或违背了个人的道德标准所产生的一种充满自我责备的情绪体验。

适度、合理的自责是一种良性的自我反省，过度自责却是过分苛责自己，并且伴有强烈的负罪感和自我贬低。二者之间有着相对明显的界线。

适度自责与过度自责

1. 适度自责反省的是行为，过度自责苛责的是自己

适度自责的人会反思自己的行为，并作出相应的弥补。

过度自责的人会频繁地否定自我，或批判个人特质，比如"我怎么这么笨""我真的很差劲"。这实际上是一种情感自虐。它像一面扭曲的镜子放大了自己的不足，扭曲了自我评估，严重损害了自信心和自尊心。

2. 适度自责者为自我负责，过度自责者为他人负责

适度自责的人有着清晰的认知，会为自己的失误承担相应的责任，同时认为造成失误的其他人同样应该负起责任。

过度自责的人总是把所有问题归于自己，无论这些问题是自己的还是他人的。而且，他们对自己十分挑剔、苛责，甚至觉得别人心情不好也是自己的责任。

3. 适度自责基于实际，过度自责脱离实际

适度自责的人会因为自己的言行给他人造成了实际的伤害而感到内疚。

过度自责的人常常脱离实际，把一些与自己毫无关系的问题归咎于自己，病态地认为别人的痛苦是由自己造成的。但事实上他们的影响力根本没有他们想象的那么大。

合理自责是担当，过度自责是自虐

当一个人为自己的错误及对他人造成的伤害而合理自责时，说明这个人是有一定担当的。一旦自责超出了正常范围，这个人就会沉浸在"都是我的错""如果我当时能……"的懊悔与自我否定中，甚至认为自己"很坏""很差劲"。

从心理层面上看,过度自责是一种严重的自我攻击,它是很多心理障碍的核心症状。比如,在抑郁症、焦虑症患者中,多数患者都有长期过度自责的情况,表现为自我攻击、自我贬低、情绪低落、兴趣减退,甚至有自杀的念头。

从生理健康的角度看,持续的自责会造成慢性压力反应,导致身体出现心血管疾病、免疫功能下降等健康问题。医学研究发现,高血压、心脏病的发病率和长期的心理压力有很大的关系。

从人际关系的角度看,过度自责的人在社交中往往表现出退缩状态,比如回避和他人互动、自我孤立、脱离人群和社会、社会支持系统薄弱、人际交往困难等。

总之,过度自责不仅会阻碍个人的成长和进步,更会让人在精神上备受煎熬,在自责中不断自我消耗。

过度自责可能源于自恋

过度自责的人经常觉得自己对事件的失败负有大部分或是全部责任,这种情绪背后可能隐藏着自恋。

美国心理学家弗洛姆曾提出,自恋者的特质之一就是过于关注自己。比如,过度自责者所谓的"是我伤害了你",实质上源自"我有能力伤害你"的虚幻自我认知,这满足了他们对力量感的幻想;"这是我的错"实际是"我对整件事的发展拥有掌控力",这种想法暗示着他比其他人更有能力,也更强大。

著名心理专家曾奇峰也曾提到,过度自责与儿童时期的自恋有关。比如，父母吵架，孩子会认为是因为自己不够好，才会让爸爸妈妈关系不好。这是儿童式的自恋，是自我意识范围狭窄的表现，他们只能以有限的认知来解释周围发生的一切。

摆脱过度自责的困扰

过度自责的人往往会放大和夸张自己的责任和影响力。若想摆脱过度自责，我们可以先试一试下面的练习。

复盘那些引发过度自责的事件，尽可能地回想整件事的细节，并且试着从第三方的视角进行观察和剖析。然后，思考下面的问题。

① "我对整个事件有多大的影响力？"

按 1～10 分的标准给自己的影响力打分。这有助于我们客观地评估自己的能力和影响力，避免高估自己的影响力，低估其他因素的影响力，从而减少过度自责。

② "我是唯一有影响力的人吗？"

这个问题可以提醒我们：事情的成败往往是多个因素、多个人共同作用的结果，每个人都对结果负有一定的责任。认识到这一点，我们就能避免将全部责任归咎于自己。

通过这样的自我反思，我们能够更加理性地看待问题，减少过度自责。

羞愧，自我憎恨的一种形式

> 羞愧，既能给我们带来沉重的心理负担，也能成为推动我们完善自我的巨大动力。正确地认识它、应对它，是我们走向成熟的重要一步。

日常生活中，每个人应该都经历过"丢脸""名誉扫地""觉得自己一无是处""恨不得找个地缝钻进去"的瞬间……这种痛苦的情绪就是羞愧，即羞耻、愧疚。

美国心理学家大卫·霍金斯曾经投入 30 多年，研究并证实了人在各类情绪、情感中有着不同的能量级别，并绘制了霍金斯情绪能量层级表，描述了能量与压力、身心健康等方面的关系。如下图所示，处于能量最底层的情绪就是"羞愧"。这种情绪会将人置于非常危险的境地，导致个体自我封闭，严重摧残个体的身心健康。

能量正极 ↑

700~1000	开悟
600	平和
540	喜悦
500	爱
400	理智
350	宽容
310	主动
250	淡定
200	勇气
175	骄傲
150	愤怒
125	欲望
100	恐惧
75	悲伤
50	冷淡
30	内疚
20	羞愧

↓ 能量负级

羞愧源于对自我的否定

羞愧常表现为低自尊、过度关注他人的评价。陷入羞愧情绪的人可能会因为一个小小的失误而感到无地自容，也可能会因为别人一个不经意的眼神而陷入自我怀疑。这种情绪让他难以自如地面对他人和自己，难以与他人进行良性互动，甚至认为自己不该存身于世，厌恶自己达到极点。在严重情况下，他可能会因为强烈的羞愧而导致自我形象受损及身份认同出现问题，甚至可能做出自我惩罚、自杀等行为。

在楚汉争霸中，项羽在开始的时候无论是实力还是谋略都不逊于刘邦，即便到了最后，他也能凭借几千人杀退十倍于己的敌军，冲破包围圈，逃出生天。在来到乌江边时，他明明只要过了江，就能调动江东的百万军队，东山再起，但是，他却选择了拔剑自刎。因为他觉得："纵江东父兄怜而王我，我何面目见之？纵彼不言，籍独不愧于心乎？"

"我何面目见之"——我有什么颜面去见他们？

"不愧于心乎？"——怎不问心有愧？

从这两句足见这位西楚霸王已然羞愧到了极点，也对自己憎恨到了极点。正是在这种情绪的折磨之下，他才无法面对现实，以至于不得不终结自己的生命。

羞愧的两面性

长期处于羞愧和自我憎恨的状态下，人们可能会出现焦虑、抑郁等心理问题，还会对身体健康造成伤害。

在霍金斯情绪能量层级表中，羞愧是一种能量最低且痛苦等级最高的情绪，具有强烈羞愧能量的人很容易产生以下情绪或念头。

"这让我感到难以启齿""我没脸见人""我让父母蒙羞""我恨不得找个地缝钻进去""我不配过好的生活""我就是个废物""我怎么还不去死"……

这样的自我评价带有强烈的自我攻击。当一个人不断将这些充满攻击性和巨大压力的情绪、念头向自己释放时，就会摧残自我及生命力，久而久之，必然会引发严重的身心疾病。

当然，凡事都有两面。虽然羞愧的情绪会带来极大的伤害，但我们如果能够接纳、超越这种情绪，就能大幅度地提升自己的心理能量，极大地促进个体成长。而且，懂得羞愧的人一定是处事有分寸、有边界的人，不会完全不顾他人，做出失当甚至是违法的事情。

转化羞愧情绪

要转化羞愧这种情绪，我们首先要"看到"它。

具体来说，找一个安静独立的空间和时间，把那些让自己觉得羞愧的念头、想法记录下来，然后不带任何评判地旁观它们，不对抗、不逃避。

这个过程就是"看见、接纳"的过程。当我们反复进行这样的练习后，羞愧就会被慢慢转化——逐渐剥离、减弱，直至消失。

在这个过程中，我们要保持中立的态度——既不全然相信这些感受和念头是真的，也不完全否认它们。我们要成为勇敢的体验者、中立的观察者，去体验、观察，然后慢慢脱离它的掌控……

第四章

小心！这些习惯会滋长负面情绪

过度自律，容易引发情绪问题

> 真正的自律绝不是苛责自己，而是满足自己内心真正的需求。只有那些能够从自律和忙碌中获得情绪价值，让身心更加舒畅和自由的人，才能真正地成就更好的自己。

一位心理咨询师收到了这样一封求助邮件：

老师，您好！

我最近工作时总是走神、犯错，学习时也难以集中精力，整个人处于一种极度焦虑、压抑的状态，做任何事都无法静下心来。

事实上，我之前每天都是干劲十足地工作，晚上回家健身一小时，然后看书、学习到深夜一点。我把每天的日程安排得井井有条，这让我感觉非常充实和满足。

可最近两个月，我发现我完全无法按计划执行下去了。

每天下班后，我感觉身心俱疲，只想瘫在床上，什么都不做。但我的内心又焦急万分，我觉得我的自律性太差，觉得别人都比我做得好。我开始质疑自己的能力，陷入不断的自我怀疑和焦虑之中。

过度自律催生情绪问题

实际上，类似上述案例的情况在日常生活中并不少见，很多人都会这样：将每天的时间安排得满满的，稍有懈怠就会自责、羞愧，认为自己不上进。

这其实是一种过度的自律。那些过度自律的人会主动放弃娱乐和休闲，把时间和精力都投入于学习、工作和自我提升之中，期望以此换来成功的生活和更优秀的自己。然而，他们看似自律、掌控自如的行为其实是在自我折磨。因为过度自律的本质就是对自我内在需求的压抑。

如果长期以这种"自虐"的方式进行自我管理，可能会引发各种情绪问题和心理问题。比如，过度自律的人会长期严格遵守规则和计划，忽视个人需求，导致内心极度不满；给自己设定过高的标准，从而承受巨大的心理压力；执着于按计划执行，往往难以适应突然的变化，面对意外情况时容易感到焦虑。

除此之外，过度自律的人长期压制自己的需求，会不断消耗有限的精力，长此以往，必然导致身心疲惫，甚至觉得生活没有意义。

想要拥有自律的生活，成为更好的自己，请多倾听自己内心真正的需求，与其强迫自己自虐式自律，不如找到有情绪价值的方式，做一些能让自己变好的简单小事。

合理安排时间，小心时间饥荒

所谓的"时间饥荒"，就是有太多事情需要做，却没有足够时间来做。

长期处于"时间饥荒"的状态下，会降低个人的工作效率、学习效率，也会对职业或学业产生倦怠感。同时，"时间饥荒"的状态对情绪和心理健康造成的负面影响不容小觑，比如陷入焦虑、烦躁、易怒等情绪无法自拔，或因无法按时完成任务而产生挫败感，逐渐对自身能力丧失信心，甚至陷入自我怀疑。若想避免这种状况，就要科学合理地安排时间。

1. 授权处理琐事

优先把重要而紧急的事情处理好，那些不重要而相对紧急的事情，可以授权给他人完成，这样不仅可以减少干扰，集中精力做事，也可以让自己有更多时间去做更有价值的事情，不断累积成就感。

这种方式不仅能极大地提高工作效率、学习效率，还会带给我们良好的感受：完成了很多有价值的事情，但并未感到辛苦，也没有明显的压力。这种满足感对我们的心理和情绪极为有益。

2. 用番茄工作法提高效率

很多时候，持续不间断地投入工作会让人身心疲惫，而且效率很低。这时，不妨尝试番茄工作法。具体做法如下所述。

选定一项任务，将闹钟设为 25 分钟（可以根据自己的情况增加或减少时间），在这 25 分钟内专注工作，其间既不暂停，也不做其他事情，直到闹钟响起。短暂休息 5 分钟左右，然后开始下一个番茄工作时间。每 4 个番茄工作时间后休息 25 分钟。

如果在某个番茄工作时间里突然想起其他重要的事情，可以做个标记，等该番茄工作时间结束后立即处理。如果必须立即处理更紧急的事情，就停止当前的番茄工作时间，并重新开始。

番茄工作法的优点在于：它能够提高专注力，让我们更高效地完成任务；每工作 25 分钟休息一次，可以帮助我们保持头脑清醒，确保工作或学习的质量；每个番茄工作时间都像一个短期目标，能持久地激励我们，让我们始终保持高度热情；间歇性的休息有助于放松身心，避免过度疲劳。

3. 用时间碎片犒劳自己

在番茄工作时间的休息时间，或是完成一项任务后，可以给自己一些奖励，比如听喜欢的音乐、喝一杯美味的茶饮、散步、冥想、做身体的拉伸……这种有意识地使用碎片时间犒赏自己的行为，会给我们带来额外的快乐。

另外，不要在琐事上过多耗费时间和精力，比如，如果开车让自己感到耗时耗力，那么我们可以打车，不但省时，还可以在车上休息片刻。

不要把这种忙里偷闲看成偷懒,更不必为此感到愧疚。相反,我们应该好好享受这样的安适时刻,因为这可以让人获得"充电"的机会,变得精神饱满,可以心情愉快地度过每一天。

与无关的人、事纠缠，就是自寻烦恼

> 人生如逆旅，途中会有各种风波，也会有各种风景。我们要学会避开那些不重要的人和事，向着阳光明媚的地方前行。

在军队服役期间，挪威心理学家诺德斯克曾有过如下经历：

在一次军事演习中，由于时间紧张，诺德斯克还没来得及系好鞋带就跑去集合。就在集结完毕，他准备俯身系鞋带时，演习开始了，他只能匆忙上阵。

在整个演习中，诺德斯克一直担心没系好的鞋带会不会松掉，鞋带松掉后会不会把自己绊倒，会不会跑掉鞋子……种种想法一直萦绕在他的脑海中，挥之不去，让他心烦意乱，无法集中精力。最终，诺德斯克的左腿不幸中弹，而那根鞋带一直很好地系着。

后来，诺德斯克由此提出了著名的心理学定律——心理衍射论，是指我们的大脑往往会为一些不相关的小事纠缠，导致精神无法集中或者注意力发生偏差。

过度关注不重要的小事是一种消耗

有人说：人生最大的荒唐，就是在无关的人和事上纠缠不清，葬送了自己的大好时光，可能还要为此悔恨终生。

从心理学的角度来看，一个人总在不重要的小事上纠缠不休，不计代价，是因为他在用非理性的本能反应应对冲突和挑衅。当一个人被本能反应主导时，他在遇到外界刺激后就会从动物的原始反应模块出发，不假思索地做出战斗或逃跑的本能反应。心理学家把这种状态称为"爬行动物时代的本能脑"状态。

如果不是在生死攸关的时刻，那么做出这种本能反应绝不是明智的选择。因为这种本能反应会牵引或蒙蔽人的情绪和理性，这不仅会影响人的思维和行为方式，还会使人陷入消极的情绪状态。比如持续的担忧和对小事的过度关注可能会导致焦虑、频繁发怒、过度敏感；长期的情绪消耗和精神耗竭可能会引发抑郁情绪。

除此之外，这种本能反应还会使人处于非理性的冲动中，从而做出错误的决策，给自己招来更大的麻烦，甚至留下终身遗憾。

总之，因为纠结小事而忽视了真正有价值的事情，或是引起冲突，都绝非明智之举。这对我们的身心能量是一种极大的消耗，可能会导致精神耗竭，引发情绪问题。

警惕身边的自证陷阱

小U凭借努力在工作中取得了一些成绩，而一些心怀嫉妒的人却在背后恶意中伤他。一开始，小U觉得很委屈，不断找机会向那些人解释、澄清。但是，无论小U怎么解释，那些人都能找出一些理由继续攻击他。他越是澄清，越会招致更多恶意中伤。小U觉得自己陷入了一个无底的泥潭，不但没有证明自己的清白，还浪费了大量的时间和精力，导致无法专心工作，业绩持续下滑，心情更是一天比一天糟糕。

实际上，小U落入了自证陷阱之中。自证，原本是一种正常的心理防御，是一种自我保护。但是，它和所有防御机制一样，一旦过度，就会变成自我剥削。比如，有人想中伤你，给你贴标签，如果你反驳，他们就会给你贴更多的标签，目的就是让你陷入无休止的辩解和烦恼之中。在这种情况下，任何自证的驳斥、辩解都没有意义，只是在无益的事情上浪费时间和精力，还会让自己情绪低落。

后来，小U发现自己掉入了自证陷阱，他不再理会嫉妒者的中伤，对他们不闻、不理、不纠缠，把时间和精力都用于提升自己。

人生短暂，我们要学会舍弃那些不必要的纠缠。只有这样，我们才能为自己的生活腾出更多的时间，追求真正重要的东西。

摆脱不重要的人和事，专注自我成长

1. 课题分离

奥地利著名精神病学家阿尔弗雷德·阿德勒曾提出"课题分离"的理论，即一切人际关系的矛盾都起因于对别人的课题妄加干涉，或者自己的课题被别人妄加干涉。我们需要分辨哪些是自己的课题，哪些是他人的课题，我们不应干涉他人的课题，更要拒绝他人干涉自己的课题。

要实现课题分离，我们遇到事时不妨多做这样的思考：

"他的想法关我什么事？"

"这件事和我有什么关系？"

"我的事与你有什么关系？"

……

分清各自的课题，拒绝被干涉，同时专注于自己能够改变和提升的地方，其他的一概不纠结。

2. 建立良好的心理边界

对于不重要的人和事，我们要学会设定明确的心理边界，保持适度的距离。有些事可能是别人强加给我们的，我们要勇敢地说"不"。如果是我们不小心介入了他人的边界，要及时抽身，既坚守自己的边界，也尊重他人的边界，还要拒绝参与那些毫无意义、浪费时间和精力的事情。

3. 学会放下，及时止损

有时，我们会因为一时疏忽或失误给自己造成损失，留下遗憾。如果无可挽回，就要学会放下，及时止损。一味沉浸在悔恨和抱怨之中，只会让情绪更加糟糕。与其这样，不如把精力和时间投入有意义的事情上，把目光投向未来，去创造更多的价值。

凡事归咎于自己，是有毒的自我 PUA

> 那些总是喜欢揽错上身的人，其实是自己在不断对自己进行有毒的 PUA。请马上停止这种可怕的行为，坚持从积极的视角看待自己。

"是我太倔了，让他觉得我脾气不好，所以才和我分手。"

"主管骂得对，是我不仔细，工作上才会有疏漏。"

"要是我上次陪她去旅行，她就不会这么疏远我了。"

……

"恋爱失败一定是我的错""工作出问题也是我不对""友情疏远也是我的问题"……这种凡事都揽错上身的做法就像是一种自我 PUA，常常会让自我归咎的人陷入内疚、自责中无法自拔，感到非常痛苦。而且，那些居心叵测的人会利用这种自我归咎，将问题责任推到他人身上，让他人做替罪羊，进一步加剧他人的情绪负担。

将错误归咎于自己的本质

遇到问题后自我反省，可以让我们及时发现不足，并不断改进，提升自己。这本是一种积极的行为，但如果不分对错，一味责怪自己，就不可取了。

总是包揽错误其实是自我否定的一种表现。这种行为的背后隐藏着一个人极度的自卑心理和习惯性的自我攻击。

那么，为什么形成这样的思维呢？

1. 成长中的创伤

习惯把错误归咎于自己，习惯自我谴责，是一种习得性行为。人们之所以会重复这种行为，往往是因为在成长过程中，总是被重要的人，尤其是父母挑剔和指责，不断接受负面评价。久而久之，这些负面评价就会内化为自我的一部分，导致在之后的成长中，只要遇到问题，就会不由自主地进行自我批判、自我攻击。

2. 自我保护机制

当然，总会把错误归咎于自己的行为也可能是一种自我保护——通过主动批评自己，期待他人不再伤害自己，或降低他人对自己的伤害程度。但无论原因和目的是什么，总是揽错上身的习惯会给人的身心健康造成深远的影响。它会加重抑郁、焦虑、饮食失调等身心健康问题，甚至引发青少年犯罪、自残行为、自杀行为等。相比较之下，一个自我同情、自我关怀水平较高的人则很少出现心理健康的问题。

3. 过度内归因

过度内归因是指个人在面对问题或失败时，将全部原因归于自身，而忽视他人、外部环境的原因。这种归因方式会让人过分自责，产生不必要的心理压力和负面情绪。比如，一个学生的成绩不理想，他可能会认为自己不够聪明或不够努力，而不会考虑到考试难度、身体状况或考试环境等因素。长期如此，就会导致自信心下降，甚至出现抑郁等心理问题。

4. 自我边界不清

自我边界不清的人自我价值感比较低，他们很容易认同他人对自己的指责和批评，常常稀里糊涂地就在别人的误导下将责任揽到了自己身上，觉得是自己给别人带来了不便或造成了损失，并深感内疚、自责。我们要学会维护自己的边界，清楚自己的价值和能力，拒绝他人的无端否定和指责，关注自己的成长和发展。

学会正确恰当的归因

下面是一些有效、实用的方法，能够帮助我们克服总是揽错上身的思维习惯，更友善地对待自己。

1. 客观复盘事件

面临失败或错误的时候，先不要急于自我责备，尝试以第三方的视角，不带任何评判地复盘整个事件。这也就是说，我们要跳出当事人的视角，以旁观者的思维分析事件的原委，这更容易帮助我们看清事情的真相，进而明确问题各方的责任，改变习惯性揽错上身的做法。

2. 学习外归因思路

具体来说，我们可以学习和模仿身边那些不内耗的朋友。比如，多观察他们怎样处理问题，或者在遇到事情时，直接向他们请教，从他们的思维方式和生活态度中学习新的思路和视角，客观地看待自己的问题和责任，让自己也像他们一样轻松愉快地面对问题。学会向外归因，能帮助我们更好地应对挑战，也更好地成长。

3. 学会自我关怀

每当想把错误揽到自己身上，进行严厉的自我谴责时，可以试着想象一下：有一位知己坐在你的面前，当你向他倾诉自己所面临的问题时，他用和善的语气安抚你，用包容的态度看待你，同时以理性的分析，客观地看待你的问题。在知己的口中，那些原本充满攻击性的言语换成了温柔的劝谏。这样的自我关怀能够帮助我们从自我谴责的循环中跳脱出来，转而以一种更加宽容和理解的视角看待自己的错误和不足。

4. 改变攻击性语言

当我们想说"这是我的错"时，不妨转换成"我内心的批评者说，这是我的错"。这种转换能够把"我"和"我的想法"分离开，并拉开一段距离。一旦我们把自己的想法转换成批评者的想法，我们就可以反驳那个批评者，或者对他的话置之不理，也就能借此远离自我批评、自我攻击。

被"应该"思维禁锢,陷入情绪陷阱

> "应该"思维会让我们永远停留在害怕出错、害怕承担后果和责任的陷阱中,而不能给我们带来成长和改变。只有打破它的禁锢,我们才能以开放和包容的心态面对生活,实现内心的自由。

"我应该……"

"我必须……"

著名心理学家卡伦·霍妮将这种被"应该"思维引发的指责或自责称为"应该之暴虐"。这种思维模式源于人们内心深处非理性的期待和要求,比如"我应该事业有成""这件事必须这么做"等。人们一旦把"应该""必须"作为标准要求自己或是外界的人和事,就会时常感到焦虑、挫败、愤怒,因为这些非理性的期待往往难以实现。

"应该"思维的本质

一个人之所以会养成"应该"思维模式，可能缘于在成长过程中受到他人过多的限制和惩罚，因此把他人的"这不可以""那不行"的限制和惩罚内化为"我应该""我必须"，以此避免惩罚。而当一个人用"应该""必须"要求他人和自己时，他就会处在"应该"的暴虐统治之下，以自我为中心，严重忽略他人的权利和自由。

满脑子都是"应该"的人，往往缺乏认识真实的世界的能力或耐心，并试图让世界臣服于自己的执念，同时会在客观现实不符合个人期待的时候，表现出焦虑、愤怒、沮丧等负面情绪。这类人通常会把自己的期待和愿望当成现实世界应该呈现的样子，既无法区分愿望和现实，也无法接受现实与理想之间的差距。

不仅如此，他们还会无视自己或他人的真实想法和内在需求，固执地坚守自己的标准和要求。只要他人或自己达不到这个标准，他们就会感到焦躁、愤怒、不满，并触发自责、指责等行为。

被"应该"禁锢

当一个人被"应该"的僵化思维禁锢时，就会积累过多的失望和不满，包括对自己、他人及客观环境。

那么，我们又是如何被"应该"禁锢的呢？

1. "应该"指向自己时

"我应该……否则就……"

当"应该"指向自己时，我们会不断追求外部的认可，试图向外界展示理想的自我形象。这时，我们的行为和价值观就会被外界的标准所支配，为了迎合外界的要求，我们不得不持续委屈、压抑或是强迫自己，而无法表达真实的自己。

这种思维常常会给我们带来强烈的焦虑、抑郁、无用感、自我憎恨。在这些负面情绪的干扰下，我们反而更加无法达到自己的期待和标准，更加缺乏行动力，表现为逃避、拖延症或是其他退缩行为。

2."应该"指向他人时

"你应该……不然就……"

当"应该"指向他人时，面对他人无法达到要求的情况，我们可能会有意或无意地指责对方，或是表现出焦虑、失望、愤怒、怨恨、报复等情绪，从而影响人际关系。

3."应该"指向客观环境时

"这件事必须……否则就……"

当"应该"指向客观环境时，我们希望通过理想化的客观环境，让外界和他人符合自己的预期。我们对外界和他人抱有过高的期望和要求，一旦期望落空，我们就会因无法接受而产生焦虑和挫败感。

无论"应该"所指向的对象是谁，都基于不切实际的期望和标准。如果我们执着于这种思维模式，不愿做出改变或调整，将会给自己带来巨大的心理压力，使自己长期处于紧张和焦虑之中，陷入恶性循环。

转变"应该"认知，摆脱禁锢

1. 觉察并转变语言结构

把"我应该""你应该"这些习惯用语转换成"我想要""你可以"。

每当感到失望、愤怒、焦虑时，反观自己的头脑中是不是又被"我应该""你应该"占据？如果是，那就把"我应该""你应该"改成"我想要""你可以""你试试"。比如，把"我应该减肥"变成"我想让自己更健康、身材更好"，把"你应该"变成"你不妨试试……"

2. 把过高期待变成"我可以接受变化"

"应该"意味着我们希望自己、他人、外界必须达到自己的期望，如果不符合预期，我们就会陷入负面情绪。我们可以尝试把"这件事情应该……"的预期转换为"这件事情可以……"

允许事情有变化的可能，把自己的期待当成美好的愿望而非一定要实现的必然，这就会让我们在思维上更加灵活和放松，不再与自己、他人及外界怄气。

第五章

管理情绪，不是假装没情绪

压抑负面情绪,是一种自我霸凌

> 情绪传达着我们内在的需求和愿望,没有哪一种情绪是绝对的好或坏。只要倾听它,了解它,我们就会越来越接近幸福。

很多人常常因为工作压力、人际关系、家庭责任等各种原因,选择压抑自己的负面情绪。

比如,A 员工经常在工作中遭受不公平对待,为了保住工作,他选择将愤怒和不满压在心底。但随着时间的推移,A 员工开始出现失眠、焦虑等症状,不仅影响了工作效率和人际关系,还出现了身心健康问题。再比如,B 学生因为害怕父母失望而不断压抑自己的失败感和挫折感,长此以往,这可能会导致他在面临考试和重要决策时感到更加焦虑和无力。

这种行为看似是为了避免冲突或维持表面的和谐,但实际上,长期压抑负面情绪不仅无法解决问题,反而会在内心深处积累更多的负面情绪，比如愤怒、焦虑、无助。这无疑是对自己的一种霸凌。

情绪的本质是一种能量流动

情绪在本质上是一种内在能量的流动，它是我们的大脑在无意识状态下的思维活动和身体反应的综合体现。这种能量无法通过理性或认知直接控制或消除，它需要的是被理解、转化和释放。

如果情绪产生的能量没有被很好地转化或释放，而只是被简单粗暴地压抑下去，那么我们只能暂时缓解情绪的冲击，而不能解决实际问题。在这种情况下，被压抑的情绪并没有完全消失，而是被压抑至潜意识中，暗中损害我们的心理健康。

压抑情绪，就如同给一座活火山的火山口加上盖子，虽然暂时阻止了烟雾、火焰及岩浆的喷发，但终有一天，它会以更加猛烈和更具破坏性的方式爆发，造成无法预料的损害。

正如弗洛伊德所说："未被表达的情绪永远不会消失，它们只是被活埋了，有朝一日会以更丑恶的方式爆发出来。"

压抑情绪是在霸凌自己

事实表明，很多自以为强大到能够压抑情绪的人并没有得到预想中的安宁与平和，反而损害了身体健康和心理健康。

1. 压抑情绪对心理的危害

情绪在作为一种能量被压抑而无法正常流动时，就会转化为一种向内的能量，对自我进行攻击，进而引发抑郁、焦虑等心理问题，甚至导致自杀。

具体来说，长久地压抑情绪可能会给心理造成以下伤害。

①产生自卑心理

长时间压抑情绪会让人不断地自我否定、自我贬低，越来越自卑；或者因内在攻击积攒太多而偶尔外泄，使得内心压力得到短暂释放，整个人变得蛮横、暴躁。

②内心麻木

压抑情绪会切断正常的情绪反馈机制，表现为心理上的自我封闭和情感反应上的麻木。整个人变得逃避现实、回避社交，无法面对自己的内心，缺乏心理弹性，遇事容易偏执、极端。

③情感扭曲

一种情况是，被压抑的情绪会逐渐累积起来，一旦被某件事或某个人触发，就会猛烈爆发。另一种情况是，虽然情绪的能量不向外爆发，但会逐渐扭曲自我认知和思维模式，让人在不知不觉中变得冷漠、偏激、抑郁，产生各种心理问题。

2. 压抑情绪对身体的危害

长期压抑情绪会导致免疫系统功能下降，不仅增加患上感冒和其他感染性疾病的风险，而且会引发心血管疾病和消化系统疾病，比如高血压、心脏病、胃溃疡等。近些年来，医学专家发现：很多癌症病人都有一个共性——长期压抑、否认自己的情绪，导致情绪无法在意识层面流动，只能通过身体症状表达，而癌细胞就是最常见的表达通道。

此外，压抑情绪还可能导致睡眠质量下降，不仅会降低生活品质，还会增加患抑郁症和焦虑症的风险。

情绪之所以会对我们的身体造成实质性的伤害，是因为强烈的情绪反应会引发身体的激素变化。当激素变化超出常态时，就会使身体出现各种问题。

每种情绪都隐藏着心理需求

在成长的过程中，当内在需求被拒绝或者没有得到满足时，个体就会产生大量不愉快的情绪体验。如果我们能够认真了解、观察、感受情绪背后的需求，而不是一味地压制，就能和自己的内在进行沟通，了解自己未被满足的需求。这正是好好处理情绪的开始。由此，我们才能真正管理情绪，实现情绪自由。

关于情绪自由，美国情绪管理专家罗伯特·艾伦提出了"制怒三部曲"。

1. 找出"情绪地雷"

"情绪地雷"，是指隐藏在我们内心深处的创伤，一旦被触发，我们就会再次回到被创伤的时空，重新体验当时的受伤、委屈、无助、愤怒……这些创伤曾一度被我们深埋在内心世界，轻易不会被察觉，但它会通过情绪提醒我们曾在过去的成长中遭受的创伤，需要被看见、被疗愈。

这时，我们不妨把这些感受和想法写下来，反思自己的内在问题，然后调整自己的认知和体验，修复创伤。一旦我们能够修复创伤，也就排出了"情绪地雷"，和自己达成了和解。

2. 识别未被满足的需求

罗伯特·艾伦认为，每一次情绪失控，其实都是在表达未被满足的内在需求。比如，过度的悲伤是我们渴望被看见、被接纳；过度的愤怒是我们的边界或利益受到了侵犯；过分的嫉妒是我们内在有巨大的匮乏，我们的自我价值受到了质疑……

当感到情绪崩溃时，我们不要急于否认、压抑它，而要先停下来问问自己："这个情绪在向我传递什么需求？它在诉说我内心怎样的渴望？"

3. 尝试满足内在的需求

我们要沿着情绪的线索，找到内心深处那些未被满足的需求和渴望，然后尝试满足它们。比如，通过自我关爱和自我照顾重新养育自己的内在小孩，满足自己对安全感的需求；通过不断学习，满足对自我实现的需要……

我们要保持开放的心态，不断吸纳新的观点和模式，对自己保持足够的耐心。当情绪得以宣泄和表达，不再被压制，情绪能量就会慢慢流动起来，我们的身心自然会通畅无比。

"情绪稳定",可能引发情感隔离

> 勇敢地面对情绪,恰当地释放和表达情绪,让我们的情绪和感受流动、鲜活起来。虽然情绪风暴有时会让我们感到痛苦,但其中也蕴藏着巨大的能量。

你是不是觉得自己喜怒不形于色,即便遇到让人极度崩溃的事情,也会努力忽视情绪,呈现自己"最稳定"的样子,即便与最亲密的人相处,也总是戴着微笑面具?你是不是因此自认为是"情绪稳定"的成年人?

这种"情绪稳定"并不是真正的情绪稳定,而是一种情绪伪装。如果长期习惯于伪装情绪,就可能引发情感隔离。

情感隔离,一种心理防御机制

在心理学中,情感隔离指个体在面临强烈的情绪和情感刺激时，将自己的感受与情感隔离，从而避免应对由此产生的痛苦、焦虑等感受。比如，在面对自然灾害造成的惨烈景象时，有些人选择不去感受，减少心理冲击，屏蔽情绪干扰，以便在灾难中更好地活下来。

情感隔离通常是由以下原因造成的。

1. 原生家庭

过度的情感隔离可能源于原生家庭中重要养育者不当的情感表达和错误的教养方式。比如，如果重要养育者本身高度焦虑和紧张，孩子受其影响，要么也容易焦虑、紧张，要么为了回避焦虑、紧张而形成情感隔离；如果重要养育者有暴力倾向或过度控制孩子，孩子为了回避暴力和控制带来的情绪压力，也会选择情感隔离；如果重要养育者高度控制，总想牢牢地抓住孩子，拒绝为孩子的成长授权，孩子在潜意识中为了抗拒养育者，就会采取情感隔离的方式，试图把自己从这种情感束缚中解放出来……

2. 成长经历

过度的情感隔离可能和个体在成长过程中遭受的创伤有关。比如，如果个体在成长过程中有过多次被他人拒绝的经历，也可能会造成过度的情感隔离。因为在多次被拒之后，个体在人际交往中会产生严重的挫败感、恐惧感甚至绝望感，为了避免这种情感痛苦，他们可能会发展出失望性的情感隔离——在心理上和他人保持距离，以避免被再次拒绝而受到伤害。

3. 社会环境

社会环境在一定程度上也是造成个体过度情感隔离的因素之一。比如，快节奏和高压力的社会环境往往使人们面临多重压力，在这样的环境中，人们更注重效率和理性，而忽视情感交流；过度强调竞争会使人们更加看重利益得失、竞争输赢，这会极大冲击人与人之间正常的情感链接，造成情感上的隔离；在倡导个人价值的社会环境中，人们更加看重自身的价值、独立和自由，而忽视和其他成员之间的情感链接和情感依赖……

情感隔离是保护，也是伤害

适度的情感隔离既是一种成熟的心理防御机制，也是一种自我保护的方式。它可以帮助我们在面对高压、冲突情景、恶劣事件时，暂时逃避痛苦，减轻心理负担，同时保持冷静，避免情绪化；也可以促使我们根据环境变化进行自我调整，以更好地适应环境。比如，对于高敏感人群，适度的情感隔离可以作为一种缓冲，减少对外界刺激的过度反应；对于像医生这种在高压环境下工作的人群，适度的情感隔离可以帮助其保持理智，以实现必要的功能。

但是，我们如果总是在日常生活中过度情感隔离，那么不但会隔离愤怒、恐惧和悲伤，而且会隔离许多美好的情感，导致抑制和剥夺我们感受快乐和爱的能力。

如果长期处于过度情感隔离的状态，我们不仅无法发泄长期积压的情绪，而且会慢慢失去调动情绪的能力，渐渐脱离现实，失去对情绪、情感的感知能力，成为没有情感的机器，陷入情感麻木状态。这是一种比较危险的状态。在临床心理学中，情感麻木往往是抑郁症的前兆。再者，如果我们关闭了情绪通道，表现为情绪波动少，甚至没有情绪波动，达到了情感淡漠的状态，那就可能发展成为精神分裂症患者。

除此之外，因过度情感隔离造成情感麻木的人，对身边人的情绪感知能力也会有所下降。比如，在人际关系模式中表现得情感迟钝，共情能力减退甚至丧失，过度冷漠，引发情感表达障碍等问题。在这种情况下，人们很难维持人际关系，最终变得越来越孤僻。

综上所述，如果将情感隔离作为一种应对策略长期使用，那么将会对个体的心理健康和人际关系产生负面影响。

情绪稳定不是伪装情绪

真正的情绪稳定不是假装没有情绪，而是允许情绪自然发生，并勇于表达情绪、接受情绪，恰当地宣泄情绪。

1. 允许情绪自然发生

一个人的情绪总会因为生活中的各种事情而发生波动，真正的情绪稳定是允许情绪自然发生，而不是压抑或伪装情绪。只有这样，我们才能更加真实地面对自己和他人，在情绪的起伏中找到平衡和成长的机会。

2. 勇于表达情绪

很多人错误地认为表达情绪是一种很失礼、甚至羞耻的行为，但实际上，假装没有情绪只会导致情绪不断积压在心底，引发一系列心理和身体问题。

真正情绪稳定的人勇于表达情绪，他们会在表达情绪的过程中不断优化自己的表达方式，还会在表达情绪时保持诚实和尊重，避免伤害他人或自己。这么做不仅有助于我们释放内心的压力，还能让他人了解我们的需求和界限。

3. 敢于接受情绪

无论是积极的情绪还是消极的情绪，无论是自己的情绪还是他人的情绪，真正情绪稳定的人会接受它们的存在，并允许自己去体验它们。

接受情绪并不意味着我们要赞同或沉溺于这些情绪，而是我们可以借此认识自己、他人和世界，并与之建立更深层的关系，这么做有利于我们做出更明智的决策。

做好情绪管理

要做好情绪管理，我们不妨试试以下方法。

1. 理解和接纳情绪

情绪波动时不慌张、不逃避，而是静下心来，感受它、觉察它、理解它、接纳它，同时认识并理解自己的局限，接纳自己的不完美，不和自己较劲，这是实现情绪自由的重要心态。

2. 建立情感界限

情感界限就如同心理上的界碑，它的意义不在于隔绝他人，而是让我们能够客观、理性地面对他人的情绪，避免被他人的情绪感染而导致自己的情绪发生剧烈波动。

3. 学会调节情绪

当情绪出现波动，对我们产生干扰时，我们可以尝试使用一些管理情绪的技巧，比如深呼吸、正念、冥想等。通过这些技巧，我们能够缓解焦虑和压力，放松身心。

如果情绪过于激烈或是对我们造成的困扰过于持久，我们还可以寻求专业的心理援助，高效地调节情绪。

小心！总是积极乐观可能有"毒"

> 积极乐观，并不是抵达幸福的唯一通行证。否认事实、否认真实感受，盲目强调积极乐观是积极陷阱，我们应该快速逃离。

"乐观点，多往好处想，一切都会好起来的。"

"你不能总想那些丧气的事，得多看看好的一面。"

"知足吧，你比我小时候强多了。"

……

试想一下，当我们情绪糟糕的时候，对方不关心我们发生了什么，也不问我们现在的感受，而只是对我们说上面这些"劝慰""鼓励"的话，我们会是什么感受呢？这些"正能量"满满的心灵鸡汤真的能帮助我们赶走所有的负面情绪吗？

答案当然是——不能！

很多人都听说过心理学领域著名的煤气灯效应，这一效应出自电影《煤气灯下》：

> 美丽活泼的宝拉继承了一笔丰厚的遗产。一位男士心怀不轨，想尽办法娶了宝拉。为了谋取她的财产，这个男士用尽各种手段——藏起她的首饰，责怪她因为健忘把首饰放错了地方；每晚外出，在外面把家里的煤气灯调得忽明忽暗，坚持说这是她的幻觉。这位男士的目的就是折磨宝拉，使她陷入病态之中，然后趁机抢夺她的财产。

过于强调积极乐观，否定负面情绪，其实就是否认人们的真实感受，强迫人们必须"积极乐观"。这与煤气灯效应的效果有着异曲同工之处：通过扭曲客观现实，长期灌输虚假认知，进而改变对方的想法和感受。

这种无视具体事实、不关心实际情况、一味劝人积极乐观的行为，不仅没有实际效果，反而会加重他人的负面情绪，绝对有"毒"、有害。

有"毒"的积极乐观

虽然积极乐观的心态常常被看作是激励和推动个人成长与进步的良好状态，但是，情绪心理学家发现，如果一个人总是过度强调积极情绪和乐观状态，否定、逃避负面情绪，反而会对自己和他人造成不利影响。

1. 盲目否定负面情绪

因为担心遭受他人的负面评价，很多人都选择隐藏自己的真实感受，否定自己的负面情绪，并认为它们是无用的、不重要的。在他们看来，表达负面情绪是一件令人羞耻的事，一旦自己的负面情绪被他人发现，就会给自己造成严重的打击。

这种做法可能会导致个人积压过多的负面情绪，长期下去，可能会对身心健康造成危害。

2. 忽视现实问题

有"毒"的积极乐观可能会误导人们只关注事情的积极面，而忽视了需要面对和解决的现实问题。这种逃避现实的态度会导致问题不断积累，情绪困扰不断加剧。

另外，当一个人过度强调积极乐观时，他可能会有意或无意地回避令人崩溃的情绪。他们认为"眼不见心不烦""越想越糟糕"，以此否认自己和他人的情绪，或是隔离失望、悲伤、挫败的负面情绪。

3. 引发社交障碍

有"毒"的积极乐观不仅会让人羞于表达自己的负面情绪，强迫自己变得积极乐观，而且会让人反感周围的人表达负面情绪。

这种态度不仅无视了他人所受的伤害，让他人感到被排斥，因而产生巨大的心理压力，还会使他人产生社交障碍，最终导致人际关系破裂。

实现积极心态与现实的平衡

1. 接纳负面情绪

接纳负面情绪是实现积极心态与现实保持平衡的关键。负面情绪是人类情感体验的一部分,它们提醒我们:"有一些问题需要你面对并解决。"所以,不要压抑或否定负面情绪,而是要学着接纳它们,并找到积极有效的方式处理和应对。

2. 建立积极的应对策略

面对挑战和困境时,真正的积极乐观是努力寻求有效的应对策略,包括寻求他人的支持和帮助、制订切实可行的解决计划,并在这个过程中始终保持坚定的信念。

有效的应对策略可以增强我们解决问题的能力,帮我们在生活中找到动力和意义,实现持续的自我成长。而有"毒"的积极乐观则是建立在自欺欺人基础上的虚假信念,只会蒙蔽我们的双眼,让我们盲目乐观,看不到事实的本来面目。这种应对方式只会让我们在面对困难时举步维艰,遭遇更多的挫败。

3. 构建新的思维

面对困境和挑战时,我们与其盲目地劝自己"别担心,要乐观",不如试着对自己说:"我能感觉到自己压力很大,所以我要尽快找到合适的人帮我一起解决问题。"再比如,当遭遇失败时,我们与其安慰自己"失败是一种选择",不如试着对自己说:"这次的失败真的让人很难接受，但我会好好复盘，把它当作一次宝贵的学习机会。"

当朋友在做事的过程中产生畏难情绪时，我们与其对他说"我都能做到的，相信你也一定能做到"，不如鼓励他"这件事，我的经验是……你看看是否对你有借鉴的意义"。

感官过载，情绪失控的罪魁祸首

> 当因为感官过载而暂时陷入困顿、停滞不前的状态时，请给自己一点儿喘息的时间和空间，同时试着运用智慧解决问题，让一切慢慢好起来。

近来，A 女士总是因为一点儿小事就莫名地暴躁，甚至会发脾气，比如老公吃饭时吧唧嘴，电视剧的女主角"人设"越来越讨嫌……这让她觉得自己很不对劲。

昨天在公司，平时很要好的小 Z 无意中和 A 女士开了个玩笑，A 女士差点儿控制不住情绪，口不择言。事后回想，她感到后怕：如果因为一点儿小事就和朋友恶言相向，以后还怎么一起共事！她陷入了自我怀疑："我这是怎么了？又没到更年期，我的情绪怎么这么差？"

她决定求助于心理咨询师。心理咨询师听了她的倾诉，告诉她："你可能是感官过载了。"

感官过载是指某个或多个感官同时接受过多或过强的刺激，导致身体和大脑不适，引发很多情绪问题，比如，突然不明原因的情绪烦躁，或者因为一点儿小事而暴怒，甚至与人发生激烈冲突。

为什么会感官过载

出现感官过载，除了缘于外界信息过多、信息刺激过于强烈，导致大脑无法及时处理之外，更重要的原因是大脑对外界信息的处理能力下降，主要包括以下四个方面。

1. 缺乏情绪管理

容易出现感官过载的人往往在情绪管理方面存在问题。最常见的就是他们无法确认自己的情绪，说不清自己是什么感受，或者误把自己的想法当成情绪感受，而无法识别情绪是感官过载的开始。

不能识别情绪的深层原因是人们无法接纳自己的某些情绪，但越是逃避、排斥情绪，越容易被情绪反噬。还有一些人则通过沉溺在负面情绪中获得更强烈的存在感，这导致他们更容易被情绪淹没。

2. 缺乏沟通技巧

不善于正确表达情绪的人更容易出现感官过载。因为他们无法与他人恰当地沟通，总会造成一些误会，或者直接拒绝与人沟通，导致双方缺乏必要的了解和理解，从而引发负面情绪和人际冲突，导致精神内耗，出现感官过载。

3. 过往创伤再现

感官过载导致情绪失控，有时也与一个人过去的心理创伤有关。当创伤被当前的场景再次触发时，就会唤起当事人与过去创伤相关的反应，使其重新体验到当初被创伤时的愤怒、悲伤、无助等痛苦情绪，从而引发高度警惕和应激状态，造成感官过载。

4. 压力过大

如果一个人长期处于压力过大、疲劳过度的状态，或者长久地置身于嘈杂、吵闹的环境，他体内的激素水平就会发生变化。一旦激素水平超出正常范围，就会对个体的心理和身体形成很大的影响，出现感官过载。

另外，即使压力持续时间不长，但若过于突然，且强度很大，也可能造成情绪问题。美国临床心理医生柯蒂斯·赖辛格博士说，这"就像一头鹿被置于聚光灯下，会不知所措"。可见，一旦压力达到人体无法承受的程度，人就可能出现身心问题。

你可能感官过载了

感官过载有以下表现，如果你也有，就要引起重视了。

1. 情绪敏感，容易有过激反应

由于大脑接收了过多的信息，神经元过度活跃，导致人体感知刺激的敏感度明显提高，因此对外界任何的细微变化都过度警觉，容易陷入应激状态。具体表现为：对一些小事反应过度，受到一点刺激就歇斯底里、大喊大叫，甚至行为失控，有自伤或暴力的冲动。

比如，因为主管在早会上提到考勤的事情，平时性情温和的小李突然和主管起了冲突，因为他觉得主管是在针对自己，便大发雷霆，事后又非常后悔。经过了解才知道，小李的孩子和母亲最近都生病了，他还因为照顾病人的问题和老婆闹了矛盾，所以整个人心烦意乱，这才和主管起了冲突。那时，小李正处于感官过载的状态中。

2. 缺乏耐心，容易情绪化

比如，小鹏正在准备职称考试，每天压力很大，做事不在状态。一天，女朋友过来看他，还带了他爱吃的东西。小鹏虽然表面上十分感谢女友的照顾，但是心里很烦，觉得女友打乱了他的复习计划。这时，女友央求他一起玩会儿游戏，小鹏听后立马翻脸，训斥女友："你能不能懂点事！我都忙成这样了，你还让我陪你玩游戏！"女友愣在原地，很久才说出一句话："我其实是看你压力太大，想让你放松一会儿。"

小鹏正是因为考试压力导致感官过载，所以才变得比平时缺乏耐心，难以控制情绪，任性地把情绪宣泄到女友身上。

3. 身体疲累，意识混乱

感官过载会在短时间内引发身体过度紧张，使人无法放松身心。紧绷的状态让人更容易被外界刺激所影响，甚至影响睡眠，加重疲劳和不适。同时，这种身体状况还会使人更加焦躁不安，影响注意力，无法正常思考，认知能力和感受性也会相对下降，进而影响日常工作和生活。

让自己松弛下来

当出现感官过载的时候，记得好好关照自己。以下是缓解感官过载的方法，可以尝试一下。

1. 停止消耗，让身心得到休息

当个体出现感官过载时，说明他的身心已然超负荷运转一段时间了，此刻最需要的就是休息。

当然，休息不一定就是睡觉，任何能够让自己感到舒畅、愉悦的生活方式都是最好的休息。比如，置身于安静、优雅的环境中，远离外界的干扰，静静地读一本书，喝一杯茶，或是和朋友小聚……总之，停止消耗自己的方式都是休息。待到身心能量恢复之后，你会发现自己不但精神焕发，而且做起事来更加顺利了。

2. 分解任务，一次只干一件事

当事情过于繁杂时，不要急于应付，先让自己停下来，理顺事情的轻重缓急，列出任务清单，然后按照清单的排序，在一段时间内只做一件事，每完成一件事就划掉这件事。

如果任务过于庞大且耗时，就把它分解开来，安排好进度，让头脑和行动有清晰明确的短期目标和长期目标。只要每天不断朝着目标前进，压力就会减轻，甚至还能获得自由感和满足感！

3. 情绪撤出

当感官过载引发情绪失控时，试着让自己从当时的情境中抽离出来。比如，暂时停止与他人沟通，等双方冷静之后再来解决问题；离开引发冲突的现场，做好自我保护。当然，在离开现场之前，要和他人解释清楚离开的原因和打算，可以试着告诉对方：我之所以离开不是消极应付，也不是逃避冲突，而是为了照顾自己的情绪，是出于对彼此的尊重及希望更好地解决问题。

第六章

情绪利用：
负面情绪也有可取之处

从焦虑中寻找动力

> 不要责怪自己为什么焦虑，而应该抱抱自己，轻轻地拍拍自己，告诉自己："你真的很努力了，你做得非常好，现在，你需要松松绑了。"

看到乱糟糟的卧室，我们会焦虑还要花时间整理房间。

看到满处的落发，我们会担心自己的头发是否会在某一天掉光。

想到即将到来的年度考核，我们会焦虑自己要怎么做才能达到考核标准。

看着眼前堆积如山的各种琐事，我们会焦虑为什么有如此多的事情需要处理，以及应该优先处理哪一件……

对我们而言，焦虑并不陌生。实际上，我们每天都会或多或少地焦虑，因为日常生活、工作压力、经济问题等都可能成为焦虑的来源。

焦虑是一种对未来可能发生的负面事件产生的过度担忧和不安的情绪状态，其症状通常表现为情绪上的紧张、恐惧、烦躁，身体上的心跳加速、头晕、呼吸急促，认知上的过度思考、难以集中注意力，行为上的坐立不安、难以放松等。

在大多数人的认知里，焦虑是一种消极的情绪，它往往会使我们身心俱疲，给我们带来很多负面影响。但实际上，焦虑是一种正常的情绪，并非如我们所想的那样毫无益处。

焦虑，是一种强大的动力

1. 生存的"警报器"

焦虑，是人类在适者生存的原则下为了延续生命，避免环境中的危险，逐渐进化并保留下来的一种功能性情绪。它能帮助人们预知危险，从而保护自己。

1926年，弗洛伊德在其著作《抑制、症状与焦虑》中指出：各种焦虑都有一个共同的功能，就是预知危险，保护自己。

焦虑虽然是人们对未来可能发生的不愉快、危险事情的担忧，但也会因此提醒人们产生必要的警觉性，并积极寻找解决方案，以便在面临威胁时能够迅速采取行动，如逃跑、反击或寻求帮助。

设想一下，如果一个人不会产生焦虑情绪，没有任何危机意识，那么他很可能在无意之中将自己置于危险境地，适应生活的能力也就不言而喻了。

2. 利于社交

一般情况下，患有严重社交焦虑的人在任何社交场合都会感受到巨大的心理压力，身心备受折磨。但如果能够将过度焦虑调整到正常水平，我们就会发现，其实焦虑也是有益于社交的，能够帮助我们在与他人交往时注意自己的言行，免于冒犯他人或者影响人际关系。

比如，在社交中，焦虑会提醒我们：这是在什么样的场合中？我正在和什么样的人打交道？这句话应该和这个人说吗？我的举动是否得体……

3. 利于自我提升

适当的焦虑能够帮助人们更加客观地认识自己，并努力地寻求解决问题的方法，积极主动地改善眼前不利的处境。在这种状态下，我们的专注度会得到提升，思维会变得更加敏捷，解决问题的能力会持续增强。同时，适当的焦虑会让我们反思自己的行为、思想等，从而更清晰地认识自己，发现自己的优点和不足，调整并提升自我。

4. 做事更高效

美国心理学家罗伯特·耶克斯和约翰·多德森通过以不同强度的电压刺激小老鼠完成"走出迷宫"的实验，提出了"动机与效率的关系呈现倒 U 型曲线形式"。这就是著名的"耶克斯－多德森定律"，也称"倒 U 曲线"，如下图所示。

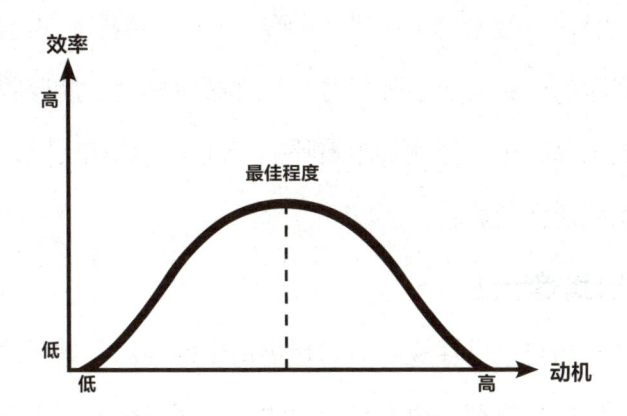

这一定律很好地表现出，由焦虑情绪所激发的动机达到中等强度时，我们的行动效率会达到最高水平。

当然，这也是因为在感到焦虑时，个体的肾上腺素分泌增多，神经调节功能增强，身体和思维将进入"警戒"和"预备"状态，注意力高度集中，可以高效地应对突发性事件。由此可见，焦虑能够激励我们在短期内高效地完成任务。

调整过度焦虑

焦虑虽然会带给我们负面影响，但也会给我们的生活和工作带来助力。然而，过度的焦虑不仅会给我们的心理和精神带来更大的内耗，还会成为我们走向成功的阻力。

那么，如何将过度焦虑调整到正常焦虑的水平，让它更好地为我们提供帮助呢？我们不妨试试以下几个办法。

1. 呼吸调节

轻轻闭上眼睛，在绵长的呼吸中，深切地感受、体会身体的变化：吸气时，气流通过鼻腔进入咽喉、肺部、胸腔，再慢慢进入腹部，然后腹部微微隆起；呼气时，腹部缓缓回落、胸腔收缩，温热的气流涌出鼻腔……当我们跟着呼吸专注于身体感受时，内心的焦躁不安就会得到纾解。

2. 自我暗示法

通过回想自己以往成功应对焦虑情绪的经历，增强自信心，还可回想一位自己崇拜或很有影响力的人在面对巨大压力时的出色表现，并在内心反复模仿，将其内化成自己面对焦虑、压力时的应对模式。

3. 表达情绪

面对让我们感到非常焦虑的场景时，不妨坦率地表达自己的情绪。一旦你承认自己很焦虑，并把它言语化后，你会发现焦虑真的得到了缓解。

4. 把焦虑丢进"垃圾箱"

要打破过度焦虑的窘境，我们可以把焦虑想象成生活中常见的垃圾，然后在想象中把它丢进"垃圾箱"。记住，想象得越逼真越好。我们还可以把焦虑看成调皮的孩子，让他偶尔"皮一下"或者给我们找点麻烦，这都无伤大雅……

这两种方法都能帮助我们把焦虑情绪具象化，并把它和我们自身区分开来，从而使焦虑对我们的控制力慢慢减弱。

5. 卡瑞尔万能公式

在一次工作中，工程师卡瑞尔遇到了非常棘手的难题，陷入了焦虑情绪。后来，他想出了解决办法。这个办法包括如下三个步骤：

第一步，分析整体情况，预想可能发生的最坏情况；

第二步，坦然地面对并接受最坏情况；

第三步，全力以赴解决问题，努力改善最坏的情况。

卡瑞尔用这个办法解决掉了生活中的大多数烦恼，因此这个办法被称为"卡瑞尔万能公式"。它告诉我们，在任何烦恼、压力面前，如果能够做到"改变我们能改变的，接受我们不能改变的"，我们就能远离大部分情绪困扰，专注于正确的事情。

从悲伤中正视自己的内心

> 悲伤不仅是对过去的一种告别,也是自我重建的起点。我们要勇敢正视内心的悲伤,因为它是通往治愈和成长的必经之路。

丧失,是每个人都有的经历,而悲伤则是关于丧失的情绪体验和常见反应。因为悲伤的情绪饱含着痛苦,所以总是被人们排斥与抵触。事实上,面对生命里一些重要的丧失,悲伤有着重要而积极的意义。不要害怕悲伤,也不要拒绝它。它既是一种结束,也是一种重新出发。

悲伤,回归内在的契机

悲伤不仅仅是一种负面情绪,它更承载着失去、成长与领悟的深刻印记。每一次悲伤,可能都是一次心灵的洗礼,引领我们回归内心深处,让我们得以有机会重建自己的心灵世界。

1. 悲伤使人学会珍惜

深刻的悲伤能够让人深入地思考生命的意义，以及如何更好地珍惜周围的人、事、物，努力融入与亲人的关系中。

比如，一位老人在陪伴他十多年的爱犬离世后深陷悲伤，很久都无法接受这个事实。在亲人、朋友及心理医生的帮助下，老人终于接受了爱犬的离世。自此以后，他更加珍惜身边重要的亲人，勇敢地表达对亲人的欣赏和关爱，并坦然接受亲人善意的回馈。

2. 悲伤可以疗愈自我

悲伤是一个释放情绪的机会，允许我们表达内心的痛苦和失落，这正是疗愈的开始。

经历悲伤后，很多人学会了自我关怀，给予自己更多的理解和宽容，学会了好好生活，照顾自己的身体，不再回避人群，不再自我孤立，允许那些真正关心自己的人靠近。

为了不再经历悲伤，不再面对无奈且伤痛的事情，我们会不断对现实和自我进行更深层面的探索，让自己拥有更为完整的认知。这也恰恰是我们更加爱自己、不断提升自我的明证。

3. 悲伤促进自我反省

李先生勤勤恳恳工作多年，但始终没有通过晋升考核。巨大的挫败感让他深陷悲伤之中，但也促使他反思自己工作以来的点点滴滴，重新审视自己的职业道路和生活目标。最终，他发现自己其实一直在不擅长的领域中挣扎，之前付出的努力都是盲目、无效的，因此他毅然重新选择了更适合自己的职业方向。

尽管经历悲伤是痛苦的，但它实际上为我们提供了一个自我反省的机会，让我们重新思考自己的选择和行为，帮助我们更深入地了解自己的需求、能力、欲望，明确未来的行进方向。

4. 悲伤重塑价值观

潘先生六岁的儿子因患先天性疾病而离世。深陷悲伤的他决定投身慈善事业，在公司设立专项基金，用以帮助那些和他儿子一样身患疾病的孩子，也帮助那些和他一样因孩子生病而倍感伤痛的家长。每一次的救助活动都仿佛让潘先生再次走近了儿子。这个转变使他把对爱子的思念转化为对更多孩子的大爱，这不仅帮助了他人，也让他得到了救赎。

经历过悲伤的人会重新评估和确认生活的重心，重新审视对自己来说真正重要的人和事，有助于重塑价值观。

停止沉浸于悲伤

在感受到悲伤时，大多数人试图压抑或者逃避这种情绪，好像只要这样做，悲伤就会消失。但实际上，悲伤只会在心底不断累积，直到彻底爆发。

1. 接纳悲伤，允许悲伤

我们要直面自己的情绪，接受自己正在经历悲伤的现状。只有这样，我们才有机会走出悲伤，这正是治愈悲伤的第一步。

2. 学会倾诉，表达悲伤

如果发生了一些让自己悲伤的事情，不要独自承受，也不要压抑情绪，我们可以选择向信任的人，比如最好的朋友或者家人，倾诉自己的悲伤，获得理解、支持和安慰，这么做有利于缓解悲伤的情绪。如果觉得身边的人无法满足你的需求，那么可以考虑加入相关的互助小组，或者寻求专业心理咨询师的帮助。

除此之外，你还可以选择适合自己的其他方式表达情绪，比如写日记记录心情，或通过绘画、音乐等艺术形式抒发内心的情感。

3. 转移注意力

悲伤时，允许自己找一个安静、安全的空间，尽情地释放情绪，无论是哭泣、大喊还是沉默都可以。当然，还可以尝试做一些感兴趣的事情转移注意力，比如跑步、游泳、旅游、绘画、下棋、玩游戏、看电影等，这么做能增加自己的愉悦度，将自己从悲伤中暂时抽离出来，有助于调节情绪。另外，还要保持良好的生活习惯，包括规律作息、合理饮食和充足睡眠。

4. 咨询专业人士

如果深陷悲伤的情绪长达两周，且没有任何恢复的迹象，甚至已经严重影响到日常的生活和工作，那么要及时前往医院，向心理咨询师或精神科医生寻求专业帮助。这么做能帮助缓解不适症状，有效调整情绪状态，促进恢复。

从恐惧中做出有利决策

> 恐惧，是人们面对危险和伤害时自动展开的一种保护机制。恐惧是在传递重要信息，我们应该安静地聆听它。

恐惧通常被我们认为是一种负面的情绪感受，会引发很多糟糕的体验。过度恐惧还会让人产生退缩行为，影响人们的自身发展和自我实现。

然而，不可否认的是，恐惧作为一种预见性的情绪，它对人们适应环境、应对危机有着重要的意义。适度的恐惧对我们来说不仅是必要的，而且是不可或缺的。

恐惧，一种本能的救命情绪

适度的恐惧是人体自带的一种天然预警机制，能够在潜在的威胁即将到来时警示人们，帮助人们及时作出反应，避免或减少伤害。

人类大脑中的杏仁体被称为"恐惧中枢"，它决定了我们如何感知和应对来自外部环境的危险。在日常活动中，在我们不曾知觉的状况下，杏仁体仿佛一台高速运转的扫描仪，不断监测周围的环境。一旦检测到危险因素，杏仁体就会瞬间作出反应，触发人体的预警机制——恐惧，然后身体迅速分泌大量肾上腺素，专注力瞬间提高，肌肉处于紧绷状态，立即进入战斗或逃跑状态！

比如，当我们独自行走在夜晚的马路上，如果有人突然靠近，我们就会敏锐地感到可能有某种危险正在靠近，这正是恐惧开启了身体的警报系统。一旦危险解除，恐惧就会自行消失。

总而言之，恐惧既是人和动物共有的本能反应，也是一种原始的防卫反应，更是我们的安全警报器。

心理学家经过观察发现，并非所有的恐惧反应都是先天具备的，有些恐惧反应是后天习得的。比如，孩子觉得生日蛋糕上点燃的蜡烛很好玩，直接伸手去抓，结果手被烧痛。这次体验让他对点燃的蜡烛产生恐惧，从而知道：点燃的蜡烛是危险的，火是可怕的，他从此不敢再去抓点燃的蜡烛，甚至害怕火焰。

还有些恐惧可能源自后天灌输。比如，一位妈妈害怕猫狗会伤害孩子，禁止孩子和猫狗玩，并一而再、再而三地告诉孩子猫狗多么可怕，被它们抓伤、咬伤之后会如何。经过多次灌输、强化之后，孩子可能就会害怕猫和狗。

正视恐惧，做出更好的个人决策

1. 恐惧，帮我们更好地认识自我

恐惧，是一种触及心灵深处的情绪。如果我们能够直面恐惧，好好觉察自己的恐惧，就有可能对自己有更深的了解，这是一个提高自我认知的过程。

比如，一位女士很恐惧走进亲密关系。如果她能够透过这种恐惧去觉察情绪背后的实质，她可能会发现：让她害怕的不是与异性的关系，而是害怕自己会在这样的关系中遭遇背叛，反而受到更大的伤害，而这又源于她在成长过程中曾被抛弃的经历。认清了自己所恐惧的实质，这位女士决定从根源上解决这个问题，破除恐惧的魔咒，勇敢地走入亲密关系。

2. 恐惧，帮我们远离危险

恐惧是一种自我保护机制，是每个人的本能反应，会让我们在感受到可能被伤害时，提前做出躲避危险的行为，以保护自己的安全。

比如，夜晚独自行走在路上时，我们会因为恐惧危险而时刻关注周围的风吹草动；过马路时，我们会因为害怕发生意外，而集中注意力判断来往车辆的情况，以及车辆的距离、速度；在爬山时，我们会因为害怕跌落山崖，而尽量与崖边保持安全距离……

正因为有了恐惧，我们才能在面对危险时提高警惕，进而做出更有利于生存和发展的决策。所以，正常的恐惧是有益的，因为人

们需要恐惧提醒自己可能会面临危险，从而更好地自我保护。

3. 恐惧，帮我们维护人际关系

在和他人相处的时候，如果我们内心对失去这段关系存在一定的恐惧和危机感，就会更加珍惜这段关系，并愿意投入更多的时间和精力去维护它。这有助于个人建立良好的人际关系。

正是出于对失去的恐惧，在与他人互动时，我们才会使用更加合适、友好的言行，尊重彼此的界限，培养互帮互助、和谐友善的人际交往模式。这么做有利于促进自身成长，维护友好的人际关系。

由此可见，适度恐惧，让我们理性；善用恐惧，让我们进步。

从愤怒中实现自我成长

> 当愤怒被充分处理,好好安置,一切重新归于平静时,我们慢慢就能看到自己有力量的部分,然后卸下负担选择正确的道路。

提及愤怒,很多人的脑海中都会不由自主地浮现出骂人、打架、摔东西等场景,似乎愤怒只会带来破坏性。但实际上,愤怒作为一种情绪蕴含着很多正向的力量,如果我们能够发挥它积极的、具有建设性的一面,那么它就是一种促进自我成长和发展的有效工具。

愤怒会激发行动力

愤怒的力量是关乎生存的力量,它会扫除无力、沮丧和忧郁的负面情绪,让人们意识到自己的力量,鼓舞人们采取有力的行动改善自己的处境。

愤怒会激发行动力，促使我们超越恐惧与痛苦，增强行动的意志。当面对难题和障碍时，愤怒能够驱使我们实现目标。不可否认，对于那些平时无力干、懒得干、不敢干的事情，在冲冠一怒的时候，我们往往会一气呵成地完成，可能效率还很高。

美国得克萨斯农工大学心理和脑科学教授希瑟·伦奇在一项研究报告中指出：愤怒会让人在面对挑战时更加积极主动。

这位教授通过多项情绪实验发现：当一个人处于愤怒之中的时候，他对困难或挑战的认知会变得相对狭窄，使这些困难和挑战看起来不那么令人畏惧，这就间接地增强了个体的自信心和效能感，让人更有勇气面对问题、解决问题。

同样的，在进行激烈的竞技比赛时，略带愤怒情绪的个体往往会被激发出更强的专注力和爆发力，展现出超越平时的潜能，发挥出更高的水平。

积极的愤怒，赋予成长的力量

积极的愤怒是一种有反思空间的愤怒，这种愤怒通常源于当事人被挫折激发出无能感和焦虑感，通过愤怒，他们能够释放压力。一旦愤怒得以宣泄，情绪得到释放，他们往往会反思自己的愤怒，并找出问题所在，进而积极进行沟通和改善，减少愤怒带来的破坏。

在这种情况下，愤怒变成了一种促进自我认识和自我发展的积极力量，被称为"积极的愤怒"。积极的愤怒具有以下作用。

1. 促使自我认知

表达愤怒，能够帮助我们以一种激烈的方式找到被忽视的需求，更加清晰明了地发现有哪些需求被压抑、被剥夺了。对于很多人来说，这一点都具有非常重要的意义。所以，愤怒不在于伤害别人，而在于表达感受和发现我们未被满足的需求。愤怒可以培养自知力，促使我们认识自己。我们要理解自己的愤怒，接纳它、安抚它，让它为我们所用。

2. 帮助自我疗愈

愤怒对于某些人来说具有很强的疗愈价值。特别是对一些在童年时期受到过身体虐待或者心理创伤的人来说，在修复这些创伤的过程中，愤怒是必须经历的一个过程。

心理治疗师发现，在进行心理创伤修复的过程中，个体爆发的愤怒越强烈，愈后就越良好。当愤怒得以宣泄，掩盖在愤怒背后的悲伤、无助浮出水面，治疗才能进一步深入。

同样，受害者一旦具备了愤怒的能力，也就意味着他在心理层面上具备了自我保护的能力。因为当一个人能够愤怒时，他就具备了对他人的震慑能力，不会再生活在恐惧中。在心理治疗中，治疗师们把愤怒称为心理咨询的康复利刃。

3. 促进真实沟通

愤怒的情绪往往是个体被不公平地对待或是被误解、被冤枉时的自然反应。人在愤怒情绪的作用下可能会说出平时不敢说的诉求和愿望，有利于表达真实的自我，也有助于人际交往中的深层了解和沟通。从这个角度来说，适度的、积极的愤怒表达反而有利于我们增强与他人的人际关系。相反，如果我们在被严重冒犯时仍然隐藏自己的愤怒，或只是很淡然地处理它，那么对方就不知道他们冒犯了我们，或者无法意识到没有给予我们足够的重视，因此他们也许会一直保持那些行为，而这对我们来说不但是一种伤害，而且会让本该进一步亲近的关系产生隔阂，不利于维系良好的人际关系。

4. 利于情绪宣泄

我们可能听过"蔫人出豹子"的说法，指的是那些平时沉默寡言、看似好欺负的老实人，一旦被触及底线，忍无可忍，导致情绪崩溃的时候，可能会像凶猛的豹子一样爆发出可怕的破坏力量，甚至做出伤害他人的事情。

积极、适度地表达愤怒可以帮助我们宣泄内心的压抑和不满，从而缓解情绪压力，恢复心理平衡。

5. 增强控制感

愤怒有时会赋予我们强大的力量感和威慑力，这种力量能够帮助我们捍卫或争取本该属于自己的利益，进而使我们获得掌控感。和那些倾向于压抑愤怒的人相比，适当地体验和表达愤怒，更容易让我们产生满足感、控制感。当然，不要滥用愤怒的力量，更不要把它当成一种工具去控制、恐吓他人。

第七章

别着急，慢慢来

微习惯，养育正面情绪

> 培养日常生活中的微小习惯，积蓄积极情绪的力量，增强抵御压力的能力，从而勇敢、积极面对挑战和困难，避免情绪内耗。

良好的生活习惯有助于形成积极稳定的情绪。在日常生活中，我们如果能够养成强大的精神内核，减少内耗，那么就可以增强面对压力时的抗击打能力。相反，就容易在面对压力和挫折时变得"脆皮"、内耗，从而引发各种情绪问题。若想保持稳定和积极的情绪，我们不妨从养成日常生活的微小习惯做起。

戒除"手机瘾"

经过一天的紧张工作或学习后，很多人都会通过频繁刷手机视频、刷直播等行为寻找乐趣，缓解压力。这虽然确实能够让人暂时忘记一天的疲累和烦恼，但是沉迷于此则会导致患上"手机依赖综合征"，也就是我们常说的"手机瘾"，主要表现为手机不在身边时就会感到非常心慌、不安、无所适从，好像整个生活都陷入了停滞状态。

手机成瘾带来的"信息过载综合征"让人变得越来越追求即时满足，逐渐丧失耐心，加剧焦躁、不安、烦闷等负面情绪。此外，由手机信息构建的"理想世界"容易让人对现实生活产生不满，行动力受阻，加剧焦虑情绪，形成恶性循环。所以，我们必须警惕这种具有麻痹性质的即时行乐，用健康的习惯代替它。

那么，如何养成使用手机的良好习惯呢？

1. 限定使用手机的时间

如果我们总是把时间浪费在刷手机视频、打游戏、聊明星八卦上，那么我们只能得到一些无聊、无用的八卦信息，也只能收获长久的空虚和无聊。

为避免这种情况发生，我们可以设定合适的时间段，并只在这个特定的时段内浏览手机信息，而不是漫无目的地随时用手机上网冲浪。

为了更好地实现一点，在这个特定时间段之外，尤其是在工作或学习的时候，我们要尽量把手机、电视等干扰物放在视线之外，减少被打扰的可能。同时，要对杂乱的信息渠道进行断舍离，只关注优质媒体或信息平台，确保接收到的信息是可靠的且有价值的。

2. 明确日程安排并认真执行

一个人在无所事事、感到无聊的时候，注意力很容易被一些无关的、不重要的事情吸引过去，比如刷手机，有时甚至一刷好几个小时，刷完之后又会感到更加无聊、空虚。

如果一个人每天都有清晰的目标和任务，感到时间紧迫，他就可能在这些目标和任务的驱使下集中精力，高效做事。当一个人专注目标、认真做事的时候，他就会被目标激励和引导，心无旁骛，根本没有时间做无聊的事情，也就不会不停地刷手机。

适度运动

很多关于运动对心理健康影响的研究表明：相较于安静状态下，一次持续 30 分钟的运动能够促使身体产生更多的内啡肽，而内啡肽能够激发人的欢愉感，也被称为"快乐激素"。因此，适度且简单的运动非常有助于调节情绪，缓解压力。

比如，跟着舒缓的音乐做一个 10 分钟的肩颈运动或拉伸运动，或者跟着养生视频敲打相关穴位。做完这些，你会发现整个人神清气爽，甚至大脑也跟着清明起来，那些烦恼或负面情绪更是一扫而空。

当尝到了运动带来的甜头，有了更大动力时，我们可以尝试更多的运动项目，比如瑜伽、散步、慢跑、骑行、跳绳、游泳、球类运动、太极拳等。在尝试的过程中，我们可以慢慢找出自己喜欢的运动，这样更容易坚持下去。

多行动，少空想

当一个人产生焦虑、抑郁等负面情绪时，常常会陷入思维反刍、行动力变弱的状态，不仅无法专注做事，而且脑海中会闪现出各种未完成或即将要做的事情，比如马上要交的工作还没有做、三天后不得不参加的聚会还没准备、两天后要进行的讲座需要马上定稿……越是这样，我们的情绪可能会越糟糕。而更糟糕的是，如果我们把胡思乱想当成一种习惯，就会加剧情绪造成的严重内耗，使自己的状态越来越差。在这种情况下，我们不妨试着换个习惯——以行动为导向，用行动代替胡思乱想。

我们可以试着做一些简单易行且绝不会失败的小事，比如打扫房间、去厨房洗碗、将垃圾扔到楼下，因为这些小事不会消耗我们太多的能量，却能帮助我们迅速地阻断胡思乱想，开启正循环。通过完成这些小事，我们会逐渐积攒胜任力和成就感，刺激大脑释放积极信号，打开正向开关，从而减缓焦虑无助的状态，让一切向好的齿轮慢慢转起来。

养成多行动、少空想的习惯，每当负面情绪光顾时，我们可以做一些小事情试着"干扰"这些情绪，把注意力转移到积极有趣的行动上，有效减少负面情绪对我们的伤害和消耗。

放松练习

1. 放松身体

当身体放松时，我们的精神也会随之放松。我们可以通过养成日常放松身体的习惯，进而养育情绪。

具体方法：在确保不会损伤肌肉的前提下，紧绷一组肌肉群，比如肩颈肌肉群或是后背肌肉群，保持紧绷的状态10秒钟，然后马上放松并保持放松的状态10秒，同时专注感受肌肉瞬间放松的状态。"紧绷10秒—放松10秒"为一组练习，每个肌肉群每天坚持做10组练习，坚持一个月，我们会有意想不到的收获。

2. 放松精神

其实，大部分紧张、焦虑、抑郁等情绪都与我们的想象脱不开干系。我们经常会将小事情严重化，从而引发负面情绪。我们可以采取反向操作，即借助想象放松精神。

具体方法：每天花20分钟时间，找一个舒服的姿势坐下来或是躺下来，播放舒缓、轻柔的音乐，闭上双眼，想象自己置身于森林里、山涧旁、大海边，听到了鸟声、风声、雨声、涧水声、海涛声，闻到了花香、草木香、海水的味道……

如果每天都能让自己的精神及心灵和大自然安静地独处一会儿，我们就会更从容、更有力量。

正念：自我放松、自我充电的训练

> 正念练习可以训练专注力和觉知力，能够令身体释放并积累更多的血清素和多巴胺，提升愉悦感。

正念练习是目前被心理学界公认的，能快速、有效地疗愈现代人心理亚健康状态的最有效的途径之一。经研究发现，如果一个人能够连续八周坚持每天进行 20 分钟的正念练习，那么大脑中的海马体的神经厚度、密度和整体大小都会显著增加，杏仁核的体积会显著减小，从而有效缓解压力、焦虑、抑郁情绪。

不仅如此，正念练习还可以提高睡眠质量和专注力，增强同理心，在提高大脑创造力和情商等方面也有积极作用。

什么是正念

正念，是指个体有意识地关注、觉察当下的一切体验，不做任何判断、分析和反应，只是单纯地觉察和关注每一刻的体验，包括身体的感知觉、情绪、念头。在正念练习中，练习者要保持开放的态度，不要试图改变什么，也不要期待练习之后一定达到怎样的效果。

比如，在工作中，合作伙伴态度很恶劣，真的让我们感到很受伤、很生气。一般情况下，我们可能会劝慰自己："不要紧，不要为这点小事生气。"但实际上，这种通过否认情绪来调整情绪的方式并不是正念。真正的正念是觉察和应对合作伙伴的问题，即要实事求是地对自己说："他的态度让我很生气。"这就是承认事实，不否认，不夸大。

另外，正念的方式不带任何评判。比如发现自己生气了，有的人可能会指责自己："有必要在意这个事吗？气量也太小了。"这就是在评判、指责自己。

正念，适合每一个人

在美国麻省大学荣誉退休医学教授乔·卡巴金将正念训练引入医学界之后，正念疗法对情绪的调节作用，以及对身心症状的干预效果在世界各国得到了广泛的印证。

正念练习是升级大脑，提升对当下的觉察力，进而帮助我们更好地管理情绪，做出更加优质的决策。

从这个方面来说，正念很适合那些没有明显心理障碍，但希望提升情绪调节能力、缓解精神压力的普通人群。科学、持续的正念练习可以帮助提高日常工作效率，激发更多的积极情绪，促进内心平静和情感平衡。

此外，正念疗法也能够有效缓解，比如癌症患者、焦虑障碍患者、心境障碍患者、进食障碍患者等患病人群的焦虑、抑郁情绪。正如北京大学心理与认知科学学院副院长刘兴华研究员在研究中发现：以正念为基础的认知行为疗法能够有效治疗强迫症、降低抑郁情绪。

另外，针对抑郁症反复发作的患者，正念认知疗法能够降低抑郁症再次发作的概率。

简单易行的正念练习

1. 正念呼吸练习

①进行正念呼吸练习之前，先找到一个相对安静、舒服的环境，会更有利于正念呼吸练习的顺利进行。

②找一个相对舒服且放松的姿势，躺下或者坐着都可以。如果是坐着，腰背要挺直，双肩自然下垂。

③将视线集中于一点，或闭上眼睛，以自己舒适为主，并专注于自己的呼吸。

④放松腹部，慢慢吸气，感受空气充满肺部，并最终到达腹部，使腹部不断扩张。绵长的吸气能够激发我们的身体活力。

⑤慢慢呼气，感受腹部不断收缩，然后气息摩擦鼻腔的感觉。呼气会让我们的身体很放松。

在练习过程中，我们很可能会注意力不集中，不再专注于呼吸，这时不要苛责自己，只要把注意力轻轻拉回来就好了。这个练习做得越多，我们就会越专注、越平和。

随着熟练程度的提高，我们可以在任何地方进行这项练习，每次只需 5 分钟。遇到特殊情况，可以适当延长练习时间。比如，当我们被孩子惹火，或是面临考试感到紧张时，都可以通过这项练习缓解情绪。

2. 正念行走练习

①进行正念行走练习前，要先确定好练习场地，建议选择室内环境，空间足以容纳十至二十步的行走距离。这样可以避免在外练习时被一些外在因素干扰，不利于练习。

②选好环境之后，身体站直、放松，双臂自然下垂，眼睛看向前方 1~2 米的地面，专注于自己的双脚。

③行走时，速度要尽量缓慢，并专注于行走时的每一个动作，尽可能地去感知动作的具体感受。这时，我们的注意力会集中在行走的每一处感受上，慢慢生起"静"与"止"的力量。

屏蔽力：心情放松的秘密

> 学会屏蔽无价值的东西，避免它们的干扰和诱惑，有助于我们做出更理性、更有益的选择，收获更快乐、更有意义的人生。

脸书曾以 69 万名脸书用户为实验对象，进行了一项情绪实验：将 69 万用户分为两组，每天为一组用户持续推送积极快乐的内容，为另一组用户持续推送消极沮丧的内容。然后，记录下这些用户每天在脸书上发表的文字或图片。

实验结果显示：被推送积极快乐内容的用户，每天发布的内容也往往带有积极快乐的情绪；被推送消极沮丧内容的用户，每天发布的内容也多数呈现出消极沮丧的情绪。这一实验表明：人们的情绪很容易因外界信息而产生波动。

在生活中，我们常常因为他人伤心、哭泣而感到难过，因为他人高兴、大笑而感到愉悦。这时，我们需要学会将那些带来负面情绪的不良信息、恶意评判屏蔽在外，以保持良好的心情和稳定的情绪，这就是屏蔽力。

屏蔽力，顶级的能力

屏蔽力，是指一个人排除负面信息、隔离无效信息、抵御他人情绪传染和负性评价的能力，由美国心理学家罗素·贝克曼提出。同时，他还指出："屏蔽力是一个人顶级的能力，任何消耗你的人和事，多看一眼都是你的不对。"

那么，为什么会这样说呢？这主要体现在以下四个方面。

1. 让我们远离焦虑

一位大学生曾在网上倾诉自己的烦恼：暑假期间，他的朋友圈都是各位同学晒的旅行照片、参加培训班的毕业成果……这一切都让他很焦虑，怀疑自己的价值，感觉自己被同学们远远抛在后面，成为被同龄人淘汰的边缘人，感到特别沮丧和无助。

这位大学生被周围形形色色的"卷王"贩卖的焦虑和恐慌所困扰，导致情绪失常。如果他不能屏蔽这些信息，也找不到属于自己的道路并从中获得方向感和稳定感，他就可能会因为这些"卷王"刻意呈现的"成果"而情绪崩溃。这时，屏蔽力可以帮我们过滤掉那些无谓的比较和竞争，让我们专注于自己的成长和进步，而不是被别人的成就所左右。

2. 帮我们过滤嘈杂信息

我们每天都会接收到远远超过自身处理能力的大量信息。如果一个人总是被各类信息侵扰，生活在各种嘈杂、喧嚣的声音中，时间一久，整个人就会注意力分散、思维混乱、决策困难，导致逐渐产生焦虑、抑郁等心理问题。

这时，屏蔽力可以帮我们识别哪些信息是有价值的，过滤掉无效、虚假的信息，让我们专注于更有价值的事情。

3. 帮助我们更好地掌控内心

在充满各种诱惑的环境中，我们的内心可能会被引发各种杂念和负面情绪，对判断力和决策力产生重大影响。屏蔽力可以帮我们很好地管理、掌控这些杂念和负面情绪，让我们更加专注地思考问题，更加冷静地应对挑战，进而做出更理性的选择和决策。

4. 帮我们保持情绪稳定

美国洛杉矶大学医学院的心理学家加利·斯梅尔通过一系列实验发现，一个人只要 20 分钟就会受到他人低落情绪的传染。屏蔽力可以帮我们屏蔽掉周围人传递的负面情绪，使我们免于被他人的愤怒、焦虑、抱怨所感染，安定地过好属于自己的生活。

有智慧的人都懂得屏蔽和筛选——屏蔽掉那些干扰、消耗我们的嘈杂信息、人与事，筛选出能帮助我们持续优化自身的人脉和习惯，有助于我们活得更加专注、通透、平和。

提升自我的屏蔽力

若想培养和提升屏蔽力，我们需要培养日常生活中的点滴习惯，学会对我们的习惯行为做减法。慢慢地，我们就会有惊喜发现。

1. 屏蔽人际消耗

无效的人际交往和社交活动会消耗一个人大量的时间和精力，让人感到身心俱疲，无法集中精力完成重要的事情，甚至可能引发情绪焦虑和耗竭。

要屏蔽这样的消耗，我们应该学会拒绝无效社交。具体做法是，定期检查自己的社交圈，尽量远离那些无效的，甚至是充满负面、消极意味的社交活动，比如退出满腹牢骚的聊天群，拒绝参加肆意攀比的聚会，远离三观互相抵触的关系网……对于这类不能给生活、工作带来任何价值，反而会消耗我们的社交活动，我们应统统说"不"，要学会建立和维护个人边界，保护自己的时间和精力，拒绝不重要的邀请。

2. 屏蔽有"毒"的人

有人说："废掉一个人最隐蔽的方式，就是让他和爱抱怨的人待在一起，他们的怨气和哀叹就像毒瘤，会把这个人的生活搞得一团糟，让他最终陷入无尽的深渊中。"

爱抱怨的人内心集聚了大量的负面情绪，和这样的人相处久了，我们会在不知不觉中被同化，这种现象符合人际关系中的"泡菜效应"——把不同的蔬菜都泡在同一个罐子里腌制，时间长了，所有蔬菜都会浸染上相同的味道。人也一样，和爱抱怨的人在一起，我们可能也会像他们一样对生活和未来充满愤怒或悲观，甚至丧失生活的乐趣和动力。一定要远离爱抱怨的人，将他们屏蔽在我们的生活之外，这样才能保护好我们自身的能量场。

还有一种有"毒"的人，他们常常否定、贬低我们。这类人喜欢挑剔、打压别人，以获得心理上虚假的优越感，或是缓解他们对自身的不满。如果我们不能屏蔽掉他们，那么他们施加的否定和打压可能会让我们变得自卑，看轻自身的价值，陷入情绪的阴霾中。对于这类人，我们也要把他们屏蔽在我们的人际关系网之外！

积极心理暗示：传递神奇的正能量

> 积极的心理暗示能够调节情绪状态，激发内在潜能，引导我们以更加积极的态度面对生活中的挑战，实现自我成长！

1968年，美国心理学家罗森塔尔和雅各布森来到一所小学。他们随机选取了一些学生，对他们进行"预测未来发展"的测验。然后，他把一份"最具备发展潜力学生"的名单交给校长和几位班主任老师，并告诉他们名单上的这些学生是非常有潜力的，值得重点培养，还叮嘱校长和老师务必保密，以免影响实验效果。

一年以后，罗森塔尔再次来到这所学校，对名单上的学生们进行第二次测验和观察。他发现：和上一次的测验、观察相比，这些学生不但学习成绩有了更大进步，求知欲也更旺盛，而且他们的性格变得比以前更加活泼开朗、大方自信，乐于和别人打交道。

这个被后人称为"罗森塔尔效应"的心理测试揭示了积极心理

暗示的神奇力量：那些学生是随机选出来的，真正让这些学生发生变化的是老师们接收到罗森塔尔的积极暗示，发自内心地相信这些孩子的能力，也认为这些孩子值得倾注心血重点关注和教育。在教学中，老师有意或无意地通过眼神、语气把这份积极的暗示传递给孩子们，孩子们也因此变得更加自信、更加努力，从而在各方面都取得了进步。

由此可见，当我们因为各种挑战和压力感到沮丧、无助或者缺乏自信时，积极的心理暗示可能会帮助我们重新找回内心的力量，使我们保持良好的状态，从容应对各种问题。

积极心理暗示的常用方法

1. 语言暗示

通过积极、正向的语言唤醒我们内心的积极感受，摒弃负面情绪。比如，每天在感到放松、愉快的时候，我们要坚持大声和自己说："我要再轻松、快乐一点儿。""我会更快胜任新的工作。"我们也可以在心里默念这些话或者把它们写在纸上，这些做法都能够产生特定的效果。

需要强调的是，用于暗示的语句一定要简短、有力，这样才能具有更强的感染力，并产生更强的暗示作用。

2. 行为暗示

通过积极且有感染力的肢体动作唤醒内心的正能量，能够起到积极的暗示作用。比如，握紧拳头，用力挥一挥，心里默念"要加油"，或者站直身体，张开双臂，昂首挺胸，让身体尽量向外舒展，同时面带微笑。这些动作都能影响我们的心理状态，使心情更加愉快。

此外，将某种行为与积极暗示建立联系也是一种有效的方法。比如，相信每天进行 20 分钟的晨练能让思维更加清晰；相信每晚泡脚 20 分钟会让自己更加放松……一旦建立这种积极的联系，我们的状态和心情就会变得更好。

3. 习惯暗示

通过养成良好的、细微的生活习惯进行积极的心理暗示。比如，每次出门前在镜子前好好整理自己的仪表，每次整理时都找出自己在仪容方面的两个亮点，慢慢形成对自身形象的积极评价。再比如，保持房间或办公桌整洁干净，物品摆放整齐，让自己感到从容、有条理……这些微不足道的习惯会在不知不觉中对我们产生积极的影响，让我们以更好的精神状态投入生活。

4. 环境暗示

中国古人很注重"居移气"，意思是所处的环境能够改变人的气质。我们要想有好心情，就要多待在宽敞明亮的地方，多晒太阳，利用环境进行积极的心理暗示。比如让自己居住或工作的地方保持雅致、幽静，光线柔和，避免脏乱、拥挤、嘈杂、光线阴暗。调整、改变环境，让优雅舒适的环境给我们以积极的暗示，我们才能保持心情舒畅、情绪愉悦、心态平稳。

心理暗示的正确使用方式

1. 不要使用消极、否定的词语

比如，如果想说"我很放松"，就不要说"我不紧张""我不焦虑"。"紧张""焦虑"，就是消极的暗示。

2. 要具有可行性

积极心理暗示并不是简单的"空想"或脱离实际的"妄想"，它需要基于真实的、可行的目标和信念，也就是自己经过努力可以办到的。比如，普通的工薪族可以暗示自己"我一定能努力拿到最高的年度奖金"，但不要暗示自己"我今年一定能赚一个亿"。

3. 配合生动的想象

在进行积极暗示时，我们要尽量在想象中清晰地看到自己变成理想的模样。比如，如果你想成为成功的演说家，就想象自己正在众多的观众面前镇定自若地演讲。想象得越逼真、越生动，产生的积极暗示效果就越明显。

4. 配合积极的行动

积极心理暗示是我们在追求目标的过程中的一种辅助和支持，绝不能取代实际的行动和正确的努力方向。若想实现理想中的目标，除了要进行积极的心理暗示外，还要以正确的方式或方法付诸行动。绝对不要仅凭着心理暗示等着天上掉馅饼，否则只会沦为笑柄。

5. 要不断重复

若想让积极心理暗示达到一定的效果，就要不断重复，日复一日、每天多次地重复。比如，早晨醒后，我们可以将积极的心理暗示或默念或说或写出来，让自己自信满满地迎接新的一天；晚上睡觉前，再默念或说或写出积极的心理暗示，然后进入梦乡。每次说或是写的时候最好多重复几遍。重复的次数多了，它慢慢就会变成一种习惯，内化为我们心理的一部分，在潜意识中对我们产生积极的影响。